# ［現代語訳］孫子

杉之尾宜生＝編著



日経ビジネス人文庫

# はじめに

本書文庫版は、平成二六年（二〇一四）に刊行した『［現代語訳］孫子』（日本経済新聞出版社）に大幅な見直しを行ったものである。

最初に、本書の基本的な姿勢を、明らかにしておきたい。筆者は『孫子』の学術的な研究者としてではなく、三〇年間軍事専門職（陸上自衛隊）に従事した実践者として、演習訓練などの擬似的修羅場の経験という限られた場において『孫子』と対話してきた。

本書は、その結果を書き連ねたものであり、学術的ではなく、極めて主観的であり牽強付会に過ぎる、という批判があるかもしれない。読者諸氏からの御批判には真摯に対応したい。

今回の文庫化にあたり、「戦争」と「武力戦」の二者を峻別する姿勢は踏襲した。中国古典に出てくる「兵」という言葉の意味は、「戦争」「武力戦」「作戦」「戦闘」「兵士」「兵器」など、文脈により区々《まちまち》である。「現代語訳」に際しては、「戦争」と「武力戦」とを努めて峻別したつもりである。

支那事変や大東亜戦争において、「蔣介石や毛沢東が、戦争と武力戦とを概念的に峻別して駆使していた」のに対し、我が国の政治家や軍人たちはともに、あたかも「戦争とは、武力戦のことである」かのように幻想して失態を重ねてきた。そのために帝国陸軍は、中国大陸における個々の作戦・戦闘（武力戦）には勝利しておりながら、気がついてみたら戦争には敗北する最悪の愚を犯し、孫武が警鐘する「費留《ひりゅう》」（火攻篇）に陥《おちい》っていたのである。

今日、人民解放軍の政治工作条例によれば、「法律戦・輿論戦・心理戦」を「三戦」と称し、中国はこれを「武力戦」とは峻別して平時から縦横に駆使している。つまり『孫子』を生んだ国の人々は、戦争と平和とは二項対立するものではなく、両者は有機的一体の事象と捉え対応しているのである。彼らの脳裡には平戦両時の区分はなく、武力行使に至らない段階（我々日本人が脳裡に描く平和イメージ）における「三戦」「瓦解戦」「情報謀略戦」などを極めて重視している。

一方、我が国の政治家やジャーナリストたちは、二一世紀の今日に至っても敗戦前の帝国陸海軍軍人たちと同様に、未だに「戦争を平和の対立項とし、戦争＝武力戦」と考え、日本が自ら武力行使できないよう法的に自縄自縛しておけば、平和は維持できると幻想している。二五〇〇年前の孫武は、武力戦の非人道、不経済、不条理、悲惨さを体験的に知悉《ちしつ》するがゆえに、「生存、生き残り」を賭けて、「武力戦」の回避、抑止、そして万が一に武力戦に陥ったとしても、その短期化を志向する兵法書『孫子』を世に問うたのである。

兵法書『孫子』を一言で総括すれば、「来《きた》らざるを恃《たの》むこと無《な》く、吾《わ》れが以《もっ》て待つあるを恃むなり。其《そ》の攻めざるを恃むこと無く、吾が攻むべからざる所あるを恃むなり」（九変篇）であり、そのために「君主（最高政治指導者）」を補佐する「将」に求められるものは、「進みて名を求めず、退《しりぞ》きて罪を避けず」(地形篇)という至高の責任観念であったと確信する。
前著刊行後、様々な場での『孫子』論議を通じ、刺激的な糧をいただき、今回の改訂でその成果を大いに活用させてもらった。関係者の方々、そして「体系表」の一部の作成については野田知哉氏に深く感謝したい。最後に、文庫化により新たな命を吹き込むきっかけを作っていただいた日本経済新聞出版社の堀口祐介氏には、深く御礼を申し上げたい。

杉之尾　宜生

平成三一年(二〇一九)一月

# 目次

# 凡例

一、「原文」は『宋本十一家注　孫子』（世界書局、一九六二年）を底本とし、「和訳」「読み下し文」は、小野繁、重松正彦両氏の助言・教導を得てまとめた。

二、各篇内の節区分および『「孫子」の思考の構造』表等は、井門満明『「孫子」入門』（原書房）を参考とした。

三、「和訳」は原則として、常用漢字、現代仮名遣いを使用し平易に記述した。「読み下し文」は原則として、「原文」に使用されている漢字を使用し、読み難いものにはルビを付した。

四、難解もしくは注意を要する用語を▼印、それ以外に解説を要するものを▽印をもって区分し、できるだけ簡潔・平易に注解を加えた。

五、各篇の「体系表」は、中華文化復興運動推行委員会・国立編譯館中華叢書編審委員会主編『孫子今註今譯』（魏汝霖註譯、台湾商務印書館股份有限公司、中華民国六十一年八月刊）の「附表第一〜十三」を参照して、修正を加え作成した。

# 第一章

# 始計篇

## 基本理念

(1) **兵者国之大事、死生之地、存亡之道、不可不察也**

## 主として平時における主体的態勢の整備強化

### (2)(3) **五事**

(4) **道**者、令民興上同意也。故可以興之死、可以興之生而不畏危

(5) **天**者、陰陽・寒暑・時制也

(6) **地**者、遠近・険易・広狭・死生也

(7) **将**者、智・信・仁・勇・厳也

(8) **法**者、曲制・官道・主用也

(9) 凡此五者、将莫不聞、知之者勝、不知者不勝

### (2) **七計**

(11) **主**孰有道

(11) **将**孰有能

(11) **天地**孰得

(11) **法令**孰行

(11) **兵衆**孰強

(11) **士卒**孰練

(11) **賞罰**孰明

(10) 校之以計、而索其情

(12) 吾以此知勝負矣

### 将選定の要訣

(13) 将聴吾計、用之必勝、留之

(13) 将不聴吾計、用之必敗、去之

### 統帥の要訣

(14) 計利以聴、乃為之勢、以佐其外、勢者、因利而制権

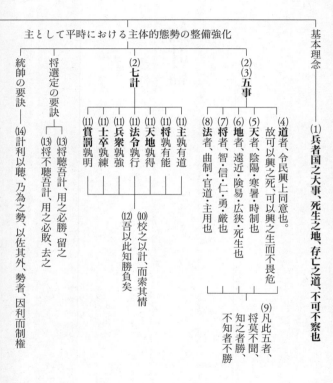

## 「第一章　始計篇」の体系表

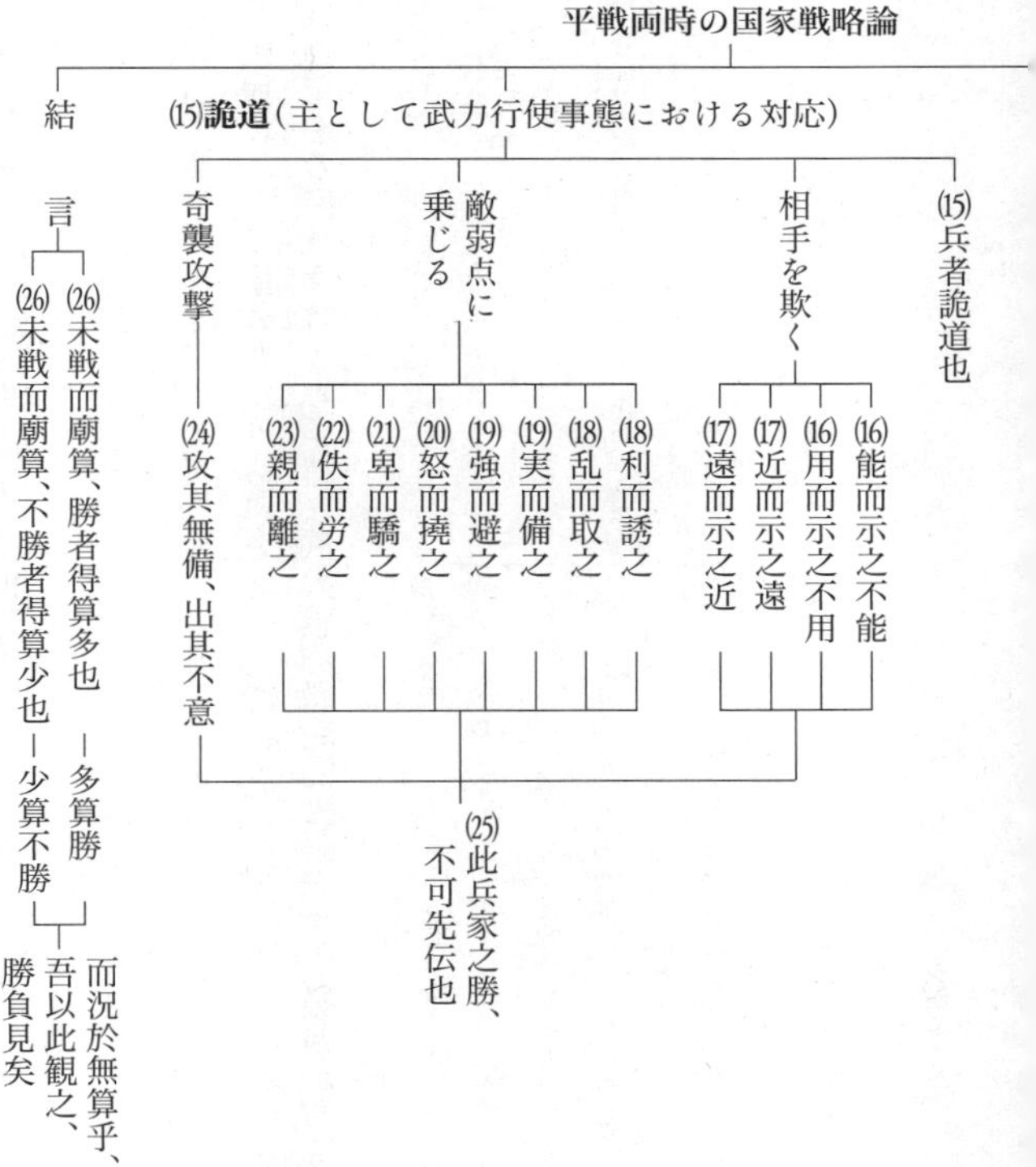
平戦両時の国家戦略論
⒂詭道（主として武力行使事態における対応）
⒂兵者詭道也
相手を欺く
⒃能而示之不能
⒃用而示之不用
⒄近而示之遠
⒄遠而示之近
敵弱点に乗じる
⒅利而誘之
⒅乱而取之
⒆実而備之
⒆強而避之
⒇怒而撓之
(21)卑而驕之
(22)佚而労之
(23)親而離之
奇襲攻撃
(24)攻其無備、出其不意
(25)此兵家之勝、不可先伝也
結
言
(26)未戦而廟算、勝者得算多也
(26)未戦而廟算、不勝者得算少也
多算勝
少算不勝
而況於無算乎、
吾以此観之、
勝負見矣

# 一　国家の危機管理態勢の要点

(1)　**戦争特に武力戦**は、国家にとって回避することのできない重要な課題である。戦争特に武力戦は、国民にとって生死が決せられるところであり、国家にとっては存続するか滅亡するかの岐《わか》れ道である。我々は、戦争特に武力戦を徹底的に研究する必要がある。

孫子曰《いわ》く、兵は国の大事なり。死生の地、存亡の道、察せざるべからざるなり。

[孫子曰、兵者国之大事。死生之地、存亡之道、不可不察也]

---

**兵▼**「兵」という語は、十三篇全体では七十余回出てくるが、その意味は「戦争・武力戦・作戦・戦闘・兵法・武器・兵士・兵家」など、極めて多義的であるので、文脈によりその都度その意味するところを識別しなければならない。始計篇では三回出てくるが、本項と(15)項の「兵」は「戦争特に武力戦」(war) を意味し、(25)項では「家」と結んで「兵家」となり、用兵家を指す。**大事▼**『孫子』フランス語版の訳者、フランシス・ワンは、a matter of vital importance を「生きるために避けて通れない」「生きるために不可欠の」と訳している。▽火攻篇(15)～(18)項を併せ読み解くこと。

(2)　そこで先ず五つの**基本要素**について、己《おのれ》自身の**主体的力量**を検証する。次いで七つの**比較要素**に基づいて敵と身方の**相対的力量**を比較検証せよ。そうすれば、敵と身方の相対的な力量の実態を解明できるであろう。

故《ゆえ》に、之《これ》を経《はか》るに五事を以《もっ》てし、之を校《くら》ぶるに七計を以てし、その情を索《もと》む。

［経之以五事、校之以七計、而索其情］

---

**経る▼**「経」のもともとの意味は、機《はた》を織る際のタテ糸のこと。まずタテ糸がすべてに通されて、これに「緯《い》」すなわちヨコ糸が逐次に織り合わされて布になる。このことから「経」は物事の始めから最後に至るまで一貫するもの、さらには不変のもの、そして普遍の事実・真理・法則をも意味するようになった。このことから物事の基準・尺度という意味が生じ、「糸を張って測量する」ことから「はかる」と読み、本項では「戦争という国家にとって緊急事態に対応すべき五つの普遍的な基本要素について、徹底的に調査研究すべきである」と解釈するのが一般的である。**校ぶる▼**「くらべる」と読み、比較考量すること。**情▼**緊急事態の実態・実相。「情」は、「状」が外面的に観察することのできる形や量とは異なり、視覚や聴覚などの五感で解明することが難しい内面的な心や質をも含み、実態を解明するという意味である。一般的に使

(3) 検証すべき基本考慮要素の第一は「**道**」、すなわち最高政治指導者の国家経営の理念、第二は「**天**」、すなわち天候・気象などの時間的な環境変化の潮目、第三は「**地**」、すなわち戦略地政学的な空間的環境条件、第四は「**将**」、すなわち軍事指導者の軍事的な資質・能力、第五は「**法**」、すなわち国家安全保障態勢、軍事制度、軍隊管理、後方兵站《へいたん》である。

一に曰《いわ》く道、二に曰く天、三に曰く地、四に曰く将、五に曰く法。

［一曰道、二曰天、三曰地、四曰将、五曰法］

---

われる対象国の能力判断は「状」に、その意図判断は「情」に相応するものと考えてよい。

**道**▼孫武は、一国の最高政治指導者が「正道」を踏み行えば、国民はこれと志を同じくし、生死を共にし、危難を恐れず指導者と行動を共にするものであると説いている。衆心一致という「人の和」こそが、国力・戦力を十二分に発揮するための根元であるとする。これは孟子がいう「天の時は地の利に如《し》かず、地の利は人の和に如かず」とまったく同じ考え方である。英語版の訳者、サム・グリフィス将軍、前出のワンともに「道」を moral influence（精神的影響力）と訳し

――ている。

(4)　道とは、最高政治指導者と国民の精神的な一体感である。指導者の**国家経営の理念・経綸などの価値**を国民が共有することである。国民が恐れることもなく一身をなげうち、政治指導者と生死を共にするほどに心を一つにさせる、政治の在り方である。

道とは、民をして上と意を同じうせしむるなり。故《ゆえ》に、以《もっ》て之《これ》と死すべく、以て之と生くべく、而《しこう》して危うきを畏《おそ》れざるなり。

▽謀攻篇(27)項、行軍篇(43)(44)項を参照。

［道者、令民興上同意也。故可以興之死、可以興之生而不畏危］

(5)　**天**とは、月日のめぐり、冬の寒さや夏の暑さ、春夏秋冬の四季の変化などの、天候・気象の自然の**時間的環境条件**が国政や戦争指導・武力戦指導に及ぼす影響力のことである。

天とは、陰陽・寒暑・時制なり。

［天者、陰陽・寒暑・時制也］

(6) **地**とは、戦場の遠近、踏破の難易、広大・狭隘、有利・不利などの、戦術的特性や戦略地政学的な**空間的環境条件**のことである。

地とは、遠近・険易・広狭・死生なり。

［地者、遠近・険易・広狭・死生也］

---

**天**▼天候・気象の自然的条件。無限なる宇宙の法則。**陰陽**▼明暗、ひかげとひなた。いわゆる「陰陽五行」とはまったく関係ない。**時制**▼春夏秋冬の循環して変化する四季。時にしたがって宜《よろ》しきを制するということで、この「制」には①制せられる（随順）、②制する（制御）、③製する（造り出す）の三意がある。（岡村誠之『孫子』一二〇頁）

**地**▼地形・地域の戦略的・戦術的特性。本項では「遠・近・険・易・広・狭・死・生」の八要素について、さらに地形篇では「通・挂・支・隘・険・遠」の六地、九地篇では「散・軽・争・交・衢・重・圮・囲・死」の九地をあげている。**死生**▼死地生地、軍隊の死生に決定的影響を及ぼす地形・地域の戦術・戦略的特性。金谷治訳注『新訂 孫子』では「高低」となっている。

(7)　**将**とは、最高政治指導者が、己《おのれ》の主権を究極的に保持するための軍事力を統率する軍事指導者を選ぶ場合に考慮する基本要素である。軍事専門職としての識能（**智**）、人格的な信頼性（**信**）、軍隊統率者として具備すべき仁愛（**仁**）、任務に対する責任観念（**勇**）、軍隊指揮の峻厳性（**厳**）の五つとする。

将とは、智・信・仁・勇・厳なり。

［将者、智・信・仁・勇・厳也］

(8)　**法**とは、軍隊の組織編成、上・下級将校の服務規律、後方兵站などをいう。

法とは、曲制・官道・主用なり。

［法者、曲制・官道・主用也］

---

**将**▼軍隊指揮官のことであるが、本項で要求されている将帥たるべき者が具備すべき五徳は、「将」の上位にある「上」「主」「君」においても同様に不可欠の資質とされることは、言うまでもない。「将」を、グリフィスは command（指揮）と訳出している。▽九変篇(17)〜(24)項を参照。

**法**▼軍事制度。「法」はグリフィス、ワンともに doctrine と訳出している。**曲制**▼軍隊の組織編制（成）、軍法規。**官道**▼上・下級将校の服務規律。**主用**▼後方兵站《へいたん》、ロジスティクス。▽九変篇⑰〜㉔項を参照。

(9) この五つの基本要素を耳にしたことのない政軍指導者はいない。これを体得した者は勝利し、体得しない者は敗北する。

凡《およ》そ、此《こ》の五者は、将として聞かざるは莫《な》し。之《これ》を知る者は勝ち、知らざる者は勝たず。

［凡此五者、将莫不聞、知之者勝、不知者不勝］

(10) 前述の五つの基本要素に基づき、平素から己《おのれ》の主体的力量をきたえあげたならば、次の七つの比較要素に基づき、自分の力量と周辺諸国の力量との相対的な実相を、比較検討しなければならない。

故《ゆえ》に、之《これ》を校するに計を以《もつ》てし、其《そ》の情を索《もと》む。

［故校之以計、而索其情］

⑾　最高政治指導者の国家経営の理念は、敵と自国どちらが適正かつ高質か。為政者と国民の関係はどちらがより親密か（より大きな精神的影響力を持ち、民意を得ているか）。軍事指導者の軍事的識能は、どちらがより優れているか。天の時と地の利、すなわち時機的・戦略地政学的な環境条件は、どちらにより有利か。法令遵守は、どちらが徹底して行われているか。どちらの兵士の方が強健であるか。どちらの将兵がよりよく教育訓練されているか。どちらの方がより公正な信賞必罰を行っているか。

曰《いわ》く、主、孰《いず》れか道ある。将、孰れか能ある。天地、孰れか得たる。法令、孰れか行わる。兵衆、孰れか強き。士卒、孰れか練《なら》いたる。賞罰、孰れか明らかなる。

［曰、主孰有道。将孰有能。天地孰得。法令孰行。兵衆孰強。士卒孰練。賞罰孰明］

⑿　このような比較によって、私は、どちらが勝ち、どちらが負けるかを予測できる。
吾《わ》れ、此《こ》れを以《もっ》て勝負を知る。

［吾以此知勝負矣］

## 二　軍事指導者選任の要件

⒀　最高軍事指導者である私が説く戦争論、戦略・戦術論を理解して、これを実行する将軍を起用すれば、勝利は必定《ひつじょう》である。彼を手離してはならない。この方策の採用を拒むような

将軍では敗北は必定である。したがって、そのような将軍は起用すべきではない。

将の吾《わ》が計を聴く、之《これ》を用うれば必ず勝つ、之を留めよ。将の吾が計を聴かざる、之を用うれば必ず敗る。之を去れ。

［将聴吾計、用之必勝。留之。将不聴吾計、用之必敗。去之］

⑭　将軍は、私の戦争論、戦略・戦術論が明らかにした**利点**を考慮して、それを実現しやすい**環境**や**条件**を**創り出して**いかなければならない。そして、この作り上げられた条件によって生じた**戦機**に乗じて迅速に行動し、**勝敗の主動権**を**掌握**していかなければならない。

---

**将**▼本項では、最高軍事指導者である孫武が、自ら説く五事七計を理解し、これを実行する「将軍」という解釈を採用したが、浅野裕一は、この「将」は「もし」の意を表す助辞であると解釈している。孫武はあらかじめ十三篇の兵法書を呉王闔閭《こうりょ》に提出して、私の「五事七計」に基づく戦略が採用されれば、呉王の軍師として仕えるが、もしそうでなければ、私は去ると解釈している（『孫子』講談社学術文庫、一九九七年、二三～二五頁）。**之を去れ**▼自分の意見に服従しないような将軍は、敗れるのは避け難いから罷免しなければならない。

計、利として以《もっ》て聴かるれば、乃《すなわ》ち之《これ》が勢《せい》を為《な》して、以て其《そ》の外《ほか》を佐《たす》く。勢とは、利に因《よ》って権を制するなり。

［計利以聴、乃為之勢、以佐其外。勢者因利而制権］

**乃ち之が勢を為し**▼己《おのれ》の軍事的策案を具現実行するために、有利な態勢を作為すること。**以て其の外を佐く**▼遠征軍の国外における作戦行動が有利になるように、戦略的・戦術的条件を醸成してやる。**勢とは、利に因って権を制す**▼「権」とは秤《はかり》の錘《おもり》、すなわち分銅《ぶんどう》のことであり、錘は衡の上《さら》にある物体の軽重によって、適宜に加減して権衡《けんこう》（バランス）をとる。「利」とは利害のことで、一見安定して変化しないように思える国家間関係、友好・同盟関係にも制御する余地のある利害関係があり、その辺りの機微を、自国に有利になるように情勢を積極的に醸成する謀略活動の余地は、常に存在するとするものである。

## 三　戦争行為の本質としての詭道

⒂　戦争行為の本質は、敵をも含む第三者すべてを詐《いつわ》り欺《あざむ》くことである。

兵とは、詭道《きどう》なり。

［兵者、詭道也］

**詭道**▼敵を詐《いつわ》り欺《あざむ》いてトリックにかけること。正道としての「五事・七計」に対し、戦争の勝負・帰趨を決する奇道としての用兵のこと。

⒃　詭道《きどう》とは、実力を持っていても持っていないように見せかける。積極的に出ようとする時は、消極的であるかのように装うべきである。

故《ゆえ》に、能にして之《これ》に不能を示し、用いて之に用いざるを示す。

［故能而示之不能、用而示之不用］

**能**▼実力。**用い**▼ある手段・方法をとる。

⒄　近くにいる時は遠くにいるように思わせ、遠く離れている時は近くにいるように思わせよ。

近くして之《これ》に遠きを示し、遠くして之に近きを示す。

［近而示之遠、遠而示之近］

⒅　餌を与えて敵を罠《わな》にかけよ。混乱したように見せかけて敵を打撃せよ。

利して之《これ》を誘《いざな》い、乱して之を取る。

［利而誘之、乱而取之］

**利**▼餌を与える。**誘い**▼罠にかける。

⒆　敵が戦力を集中させた時は対戦の準備をなせ。ただし、強大な敵との決戦は回避せよ。

実にして之《これ》に備え、強にして之を避く。

**実にして之に備え**▼敵よりも身方の戦力が充実しているにもかかわらず、故意に敵対し得ないという態勢をとる。**強にし**

「実而備之、強而避之」

(20) 敵将は苛《いら》だたせ、その精神を混乱させよ。

怒らしめて之《これ》を撓《たわ》む。

「怒而撓之」

(21) 劣勢を装い、敵の驕《おご》りを助長せよ。

卑《ひ》うして之《これ》を驕《おご》らしむ。

「卑而驕之」

---

**て之を避く**▼敵が強力であれば、直接対決は避ける。

**撓む**▼敵が戦意過剰で怒り狂っていれば、その態勢を攪乱する。

**卑うして**▼へり下り、相手に脅威を感じているかのように思わせる。

(22) 常に敵に行動を強要して、疲労困憊《こんぱい》させよ。

佚《いつ》にして之《これ》を労す。

［佚而労之］

佚▼安楽快適で、食糧・休養とも十分である。労▼疲れさせる。

(23) 団結した周辺諸国の友好同盟関係は、離間・分裂させよ。

親しければ、而《すなわ》ち之《これ》を離す。

［親而離之］

親しければ▼親密に団結している同盟国や友好国。

(24) 敵の準備が整っていないか、不十分な所を攻め、敵が予期しない時機・手段・方法で攻撃せよ。

其《そ》の備《そな》え無《な》きを攻め、其の意《おも》わざるに出《い》づ。

［攻其無備、出其不意］

(25) 以上は、軍事指導者にとって勝利獲得の秘訣である。これらのことは、いずれも、戦争開始前にあらかじめ準備できないものである。

此《こ》れ兵家《へいか》の勝《かち》にして、先《ま》ず伝うべからざるなり。

［此兵家之勝、不可先伝也］

---

**先ず**▼戦争開始以前の段階で。**兵家の勝**▼「五事・七計」という正道とは別に、戦争の勝負・帰趨を決する奇道としての用兵「詭道《きどう》」の秘訣である。グリフィスは、「兵家」を the strategist としている。

## 四　危機における国家意思決定過程の要諦

(26)　さて、政府・軍首脳による戦争意思決定会議において、「五事・七計」による客観的総合算定で敵国よりも身方の「力」が優勢であれば、勝利の可能性がある。もしも身方が劣勢であれば、敗北の可能性大で危険である。多重的かつ多方面から、「五事・七計」による客観的な情勢判断を行う側は勝利を可能にできるが、一面的で主観的な希望的観測に陥《おちい》る者には、勝利は不可能である。ましてや、この情勢判断をまったく行わない者には、勝利の可能性はない。

私が戦争特に武力戦の勝敗の結末を予測できるのは、このような**情勢判断**によって、情況を解明するからである。

夫《そ》れ、未《いま》だ戦わずして廟算《びょうさん》するに、勝つ者は算を得ること多きなり。未だ戦わずして廟算するに、勝たざる者は算を得ること少なき

---

**廟算**▼戦争特に武力戦の脅威が切迫してくると、祖先の霊を祀る宗廟《そうびょう》において、敵と自軍の勝算を比較・考量（情勢判断）し、これに基づいて戦争・武力戦・作戦等の計画を策定すること。ここで大切なことは、「五事・七計」による敵と

なり。算多きは勝ち、算少なきは勝たず。而《しか》るを況《いわ》んや算無《な》きに於《おい》てをや。吾《わ》れ、此《こ》れを以て之《これ》を観るに、勝負見《あら》わる。

［夫未戦而廟算、勝者得算多也。未戦而廟算、不勝者得算少也。多算勝、小算不勝。而況於無算乎。吾以此観之、勝負見矣］

---

自軍の国力・戦力の客観的な算定・評価を基礎として政戦略的な対応と「詭道十四変」を本質とする用兵による戦争特に武力戦の帰趨を検討することである。つまり、この戦争特に武力戦の基本的な性格・特質は何かを明確にし、勝利を追求する、あるいは不敗の態勢を確立するための具体的な方策を練ることである。

# 第二章

# 作戦篇

**武力戦計画**

- 武力戦指導計画
  - 久戦(**巧遅**) 長期戦の弊害
    - (3)其用戦也貴勝 久則鈍兵挫鋭 攻城則力屈
    - (4)久暴師国用不足
    - (5)鈍兵挫鋭、屈力殫財 **諸侯**乗其弊而起 雖有**智者**、不能善其後矣
    - (7)兵久而国利者 未之有也
    - (11)国之貧於師者、遠諭 遠諭則百姓貧
    - (12)近於師者貴売 貴売則百姓則竭 財竭則急於丘役
  - (8)故**不尽知用兵之害**者則**不能尽知用兵之利**也
  - (9)善用兵者 役不再籍、糧不三載
  - (16)殺敵者怒也
- 春秋時代の武力戦様相
  - (1)馳車千駟、革車千乗、帯甲十萬
  - (2)千里饋糧、内外之費、賓客之用 膠漆之材、車甲之奉
    - (2)日費千金、然後 十万之師挙矣
  - (13)力屈財殫、中原内虚於家 百姓之費十去其七
  - (14)公家之費破車罷馬

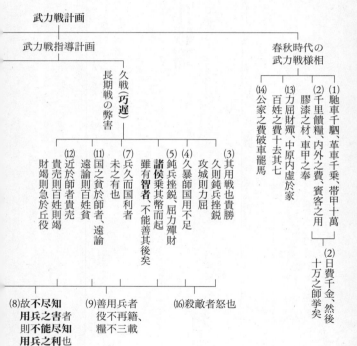

## 「第二章　作戦篇」の体系表

- (6) 速戦（**拙速**）
- 戦力の整備充実
  - 現地調達
    - (10) 取用於国因糧於敵
    - (15) 智将務食於敵食敵
  - (20) 勝敵而益強
    - (17) 取敵之利者、貨也（(16)殺敵者怒也）
    - (18) 車戦得車十乗已上、賞其先得者而更其旌旗、車雑而乗之
    - (19) 卒善而養之
- 結言
  - (21) **兵貴勝、不貴久**
  - (21) 知兵之**将**、生民之司命、国家安危之主也

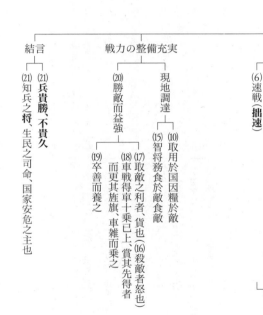

## 一　武力戦に陥ったら「拙速」で、経済への被害を回避

(1)　およそ武力戦には、馬四頭立ての戦車千両と馬四頭立ての装甲輜重車《しちょうしゃ》千両、さらに、鎧《よろい》・甲《かぶと》の武装兵十万が必要となる。

孫子曰《いわ》く、凡《およ》そ用兵の法は、馳車《ちしゃ》千駟《し》、革《かく》車《しゃ》千乗、帯甲《たいこう》十万。

［孫子曰、凡用兵之法、馳車千駟、革車千乗、帯甲十万］

▽用間篇(1)〜(4)項を参照。**兵**▼作戦篇では「兵」が九回出てくるが、(3)項のみが「兵士」もしくは「兵員」を意味し、他の八回はすべて「武力戦」を意味する。ここでは「用兵の法」となっているが(1)(2)項ともに「武力戦と経済」の関係を論じている。**馳車**▼馬四頭で牽引する小型の戦車。**千駟**▼千両。**革車**▼皮革で装甲を施した大型の兵站補給車両。**千乗**▼千両。**帯甲**▼鎧や甲を装着した武装兵。

(2)　千里もの遠方の戦場に食糧を輸送する経費、また、国内での準備と戦場活動に要する経費、外交・工作のための出費、兵器・器材等の製作・補修に必要な膠《にかわ》や漆《うるし》などの調達経費、

戦車や甲冑《かっちゅう》に要する資材費は、一日に千金にも上るであろう。これらの戦費の調達ができて、はじめて十万の兵力の動員は可能になる。

千里にして糧《かて》を饋《おく》れば、則《すなわ》ち、内外の費《ついえ》、賓《ひん》客《かく》の用、膠漆《こうしつ》の材、車甲《しゃこう》の奉《ほう》、日に千金を費《つい》やして、然《しか》る後に十万の師、挙《あ》がる。

［千里饋糧、則内外之費、賓客之用、膠漆之材、車甲之奉、日費千金、然後十万之師挙矣］

(3)　**勝利**こそが**武力戦**の**第一**の**目標**である。武力戦が長期化すれば、装備兵器等は損耗し、第一線部隊の将兵の戦力は減耗し、士気は低下する。城攻めの頃には、その戦力は尽き果てているだろう。

---

**千里**▼一里は四百メートルだから、約四百キロメートルに相当するが、特定の距離数を指すものではなく、本国から「遠方」にという意味である。**内外**▼政府と一般国民のこと。用間篇(1)にいう「百姓《ひゃくせい》の費《ついえ》、公家《こうか》の奉《まかない》」に相応する表現。**賓客の用**▼外交関係の諸経費。**膠漆の材**▼武具製造・補修用のにかわとうるし。にかわは武具防護用の皮革の接着剤、うるしは皮革の防護強度を強化するための塗布剤。**車甲の奉**▼戦車や防護用武具の資材調達の経費。**千金**▼大金。**師、挙がる**▼武力行使のために軍隊を出動させる。

其《そ》の戦いを用うるや、勝つことを貴《とうと》ぶ。久しければ、則《すなわ》ち兵を鈍《にぶ》らし鋭《えい》を挫《くじ》き、城を攻むれば則ち力屈す。

［其用戦也貴勝。久則鈍兵挫鋭、攻城則力屈］

(4) **武力を行使して長期戦に陥《おちい》れば、**どのような国力をもってしても、武力行使に伴うヒト・モノ・カネなどの所要を充《み》たせるものではない。

久しく師を暴《さら》せば、則《すなわ》ち国用足らず。

［久暴師則国用不足］

(5) 軍隊の戦力と士気が低下し、政府の戦争特に武力戦に対する情熱が冷《さ》め、国民の力が衰退し、**国庫の財が底を突くころともなれば、**周辺諸国は、我が国の**苦境に乗じて干渉・介入**

---

**勝つことを貴ぶ**▼作戦篇の結語である(21)項「故《ゆえ》に、兵は勝つことを貴《とうと》び、久しきを貴ばず」と呼応する文言である。(6)項「故に、兵は拙速《せっそく》を聞くも、未《いま》だ巧《たくみ》の久しきを睹《み》ざるなり」と一体化すべきもので「勝利こそが、武力戦において追求すべき至上目標である」とするものである。**久しければ**▼武力戦の長期化。

**久しく師を暴せば**▼軍隊を長期間にわたり戦場に投入すれば。**国用**▼国家の経済・財政。

を企てるおそれがある。この段階になってしまうと、たとえ我が国に**明察の士**がいたとしても、その**前途に対する適切な策を講じることは不可能**となる。

夫《そ》れ、兵を鈍《にぶ》らし鋭《えい》を挫《くじ》き、力を屈《つく》し財を殫《つ》くせば、則《すなわ》ち諸侯其《そ》の幣《へい》に乗じて起こる。智者ありと雖《いえど》も、其の後を善《よ》くする能《あた》わず。

［夫鈍兵挫鋭、屈力殫財、則諸侯乗其幣而起。雖有智者、不能善其後矣］

**鋭**▼士気。**力を屈し財を殫くす**▼戦力を消耗し尽くし、財政状態も悪化する。**諸侯**▼周辺の第三国の支配者たち。▽昭和二〇年（一九四五）八〜九月、日ソ中立条約を踏みにじり、満州、樺太、千島に武力侵攻してきたソ連軍を想起されたい。

(6)　したがって武力戦においては、**戦果が不十分な勝利**であっても**速やかに終結**に導くこと（**拙速**）で**戦争目的を達成**したという話は聞くが、完全勝利を求めて武力戦を長期化させて結果がよかったなどという例は、いまだかつて見たことがないのである。

故《ゆえ》に、兵は拙速《せっそく》を聞くも、未《いま》だ巧《たくみ》の久しきを睹《み》ざるなり。

**拙速**▼作戦目標の達成度が必ずしも万全ではなくとも、速戦即決の短期戦を志向すべきこと。**巧の久しき**▼完全なる作戦

［故兵聞拙速、未睹巧之久也］

目標の達成を狙って、武力行使を長期化させること。

(7) **武力戦を長期化させて国益を利した例はない。**

夫《そ》れ、兵久しくして国を利する者は、未《いま》だ之《これ》あらざるなり。

［夫兵久而国利者、未之有也］

**兵久しく**▼武力戦の長期化。

(8) したがって、**武力行使に伴って生じる不可避の弊害、危機、危険（用兵の害）**を理解認識しない者には、有効適正な戦争指導・武力戦指導を行うことは至難である。

故に、尽《ことごと》く兵を用うるの害を知らざる者は、則《すなわ》ち尽く兵を用うるの利も知ること能《あた》わざる

**兵を用うるの害**▼軍事力行使に伴う弊害・危機・危険といったマイナス効果。

なり。

［故不尽知用兵之害者、則不能尽知用兵之利也］

## 二 「武力戦」の社会経済的被害への警鐘

(9) **武力戦に伴って生じる不可避の弊害**をよく知る者は、農民からの徴兵は一回限りとし、補給品・食糧の調達も、出征の際と帰還に際しての二回を限度とし、三回以上行ったりはしない。

善《よ》く兵を用うる者は、役《えき》は再び籍《せき》せず、糧《かて》は三《み》たび載《さい》せず。

［善用兵者、役不再籍、糧不三載］

**役**▼兵役あるいは戦費を調達するための税金等。**籍**▼戸籍を整備して、兵士の徴兵や使役の割当、あるいは税金の徴収等を行うこと。**載**▼糧食の供出や徴発を行うこと。

(10) 武器・装備は自国で調達するが、糧食の不足分は敵地で調達する(ただし、敵地における現地調達は適正価格でなされなければならない)。こうすれば、軍の給養が欠亡することはない。

用は国に取り、糧《かて》は敵に因《よ》る。故《ゆえ》に軍食足るべきなり。

[取用於国、因糧於敵、故軍食可足也]

(11) 国家が武力戦のために窮乏するのは、**遠距離に補給・輸送**するためである。遠隔の戦場に対する後方兵站は国民を疲弊させる。

---

**糧は敵に因る**▼食糧は進出した敵の勢力圏内(占領地)において調達するという意味で、「掠奪」ではないことに留意しなければならない。良将は、格別な時を除いては、適正な対価を払って食糧や必需品を調達している。例えば、本能寺の変を知った秀吉は、中国大返しにおいて、食糧や必需品を通常価格の三倍の値段で買い上げ、兵站《へいたん》に万全を期した。糧食を進出地あるいは占領地に依存する理由は、輸送のため膨大な数の補給車両・馬匹を必要とし、生鮮食料品等の輸送間の消耗が無視できないからである。

国の師に貧なる者は、遠く輸《いた》せばなり。遠く輸せば、則《すなわ》ち百姓《ひやくせい》貧し。

［国之貧於師者、遠輸。遠輸則百姓貧］

⑿　武力戦は、自国および関係諸国の**物価を高騰**させる。物価が高騰すれば、国民の貯えは涸渇する。**国家の財貨（富）が底をつくと、**国民は苦心して得た貯えを絞られることとなる。

師に近き者は貴売《きばい》す。貴売すれば、即《すなわ》ち百《ひやく》姓《せい》の財竭《つ》く。財竭くれば、則ち丘役《きゆうえき》に急なり。

［近於師者貴売、貴売則百姓則竭。財竭則急於丘役］

---

▽長大な後方連絡線の兵站《へいたん》的な限度を「攻勢の限界」という。大東亜戦争における昭和一七年八月から昭和一八年二月に至るガダルカナル島攻防戦を想起されたい。

---

**師**▼軍隊のことだが、本項では「近於師」は「武力戦になれば」と解するのが適当である。**貴売**▼物価の高騰。**丘役**▼「丘」は元来は土地区画の単位だったが、当時の軍需品の徴発の単位で、九家で一井《せい》、十六井で丘とした。

⒀　このように**国民の力と財貨が消耗**すれば、戦場周辺の農民の生活は極度に貧しくなり、その経済力の七割は水泡に帰することとなろう。

力屈し財殫《つ》き、中原の内、家に虚《むな》し。百姓《ひゃくせい》の費《ついえ》、十に其《そ》の七を去る。

［力屈財殫、中原内虚於家。百姓之費十去其七］

⒁　**政府の財政支出**は、戦車の破損・軍馬の消耗、甲冑《かっちゅう》・弓矢・強弓、槍・大小の楯《たて》、運搬用の動物・輜重車《しちょうしゃ》などの修理費や補充のために増大し、国家財政の六割にも達するであろう。

公家《こうか》の費《ついえ》は、破車罷馬《ひば》、甲冑矢弩《かっちゅうしど》、戟楯《げきじゅん》蔽櫓《へいろ》、丘牛大車《きゅうぎゅうたいしゃ》、十に其《そ》の六を去る。

［公家之費、破車罷馬、甲冑矢弩、戟楯蔽櫓、

**中原**▼春秋時代は戦車戦が主体だったので、黄河と長江の流域の広大な原野が戦場になった。

**公家の費**▼政府の財政支出。**破車**▼戦車の破損。**罷馬**▼馬匹の損耗。**戟**▼枝のある矛《ほこ》のような個人装備兵器。**楯**▼小型の楯《たて》。**櫓**▼大型の楯。**丘牛大車**▼牛が引く大型補給車。

［丘牛大車、十去其六］

⒂　したがって、先見の明がある将軍は、**自軍が敵地の食糧を利用できるように配慮する。**なぜなら、戦場の近傍で調達する一桝《しょう》の食糧は本国で調達する二十桝に相当し、戦場近傍で調達する秣《まぐさ》五十キロは本国の一トンに相当するからである。

故《ゆえ》に、智将は務めて敵に食《は》む。敵に食むの一鐘《しょう》は、吾が二十鐘に当たる。萁稈《きかん》一石《せき》は、吾が二十石に当たる。

［故智将務食於敵。食敵一鐘、当吾二十鐘。萁稈一石、当吾二十石］

---

**鐘**▼六石四斗、約百二十リットルの容積単位。**萁稈**▼豆や藁《わら》などの牛馬用飼料。**石**▼約三十キログラムの重量単位。

## 三　戦争目的達成に貢献する武力戦とは

⒃　したがって**敵国軍隊の圧倒殲滅《せんめつ》**を武力戦の目的とするのは、思慮を失った無謀無要の用兵である。

故《ゆえ》に、敵を殺す者は怒りなり。

［故殺敵者怒也］

⒄　冷徹な武力戦指導者は、敵の兵員・装備兵器・軍需物資を奪い取り、自軍の兵力増強を

---

**敵を殺す**▼クラウゼヴィッツが『戦争論』で推奨するような敵国軍隊の圧倒殲滅を企図する作戦は、身方の戦力の膨大なる消耗を意味し、火攻篇⒂項にいう「戦えば勝ち攻むれば取るも其《そ》の功を修めざるは凶なり」「費留《ひりゅう》」（骨折り損のくたびれ儲け）に陥《おちい》りやすく、戦力節用の原則にも反することになる。**怒り**▼武力行使の目的が何であるかを見失った用兵で、⒇項の「敵に勝ちて強を益《えき》す」とは真逆の軍事合理性を欠落させた無名の師である。

図るのである。

敵に取るの利は貨《か》なり。

［取敵之利者、貨也］

⒅　したがって、戦車戦において、十両以上の戦車を奪い取った場合は、まず奪い取った兵士たちに賞を与え、次いで奪い取った戦車の旗印を身方のものと取り替え、我が隊列に加えて再使用せよ。

故《ゆえ》に、車戦に車十乗已上《いじょう》を得れば、其《そ》の先《さき》を得たる者を賞し、而《しこう》して、其の旌旗《せいき》を更《あらた》め、車は雑《まじ》えて之《これ》に乗らしむ。

［故車戦得車十乗已上、賞其先得者、而更其旌旗、車雑而乗之］

---

**貨**▼敵の将兵、装備兵器、装具、補給物資等。

**旌旗**▼部隊識別の旗印。

(19) 捕虜にした敵の兵卒は丁重に取り扱い、優遇せよ。

卒《そつ》は善くして、之《これ》を養え。

［卒善而養之］

卒▼敵将兵の捕虜。

(20) これこそが、敵に勝利して、その戦力によって身方の戦力を増強する方策である。

是《こ》れを、敵に勝ちて強を益《えき》すと謂《い》う。

［是謂勝敵而益強］

(21) 武力戦の狙いは、作戦・戦闘に勝利して**戦争目的の達成に貢献**することであり、**武力戦を長期化させてはならない**。したがって、戦争と武力戦の本質を理解している将軍は、国民の運命の守護者であり、国家の命運を双肩に担う者といえる。

故《ゆえ》に、兵は勝つことを貴《とうと》び、久しきを貴ばず。故に、兵を知るの将は、生民の司命《しめい》、国家安危の主《しゅ》なり。

［故兵貴勝、不貴久。故知兵之将、生民之司命、国家安危之主也］

---

**久しき**▼長期化すること。**司命**▼生死を決めることのできる責任者。**安危の主**▼安全と危険の岐路を決定することのできる責任者。

# 第三章

# 謀攻篇

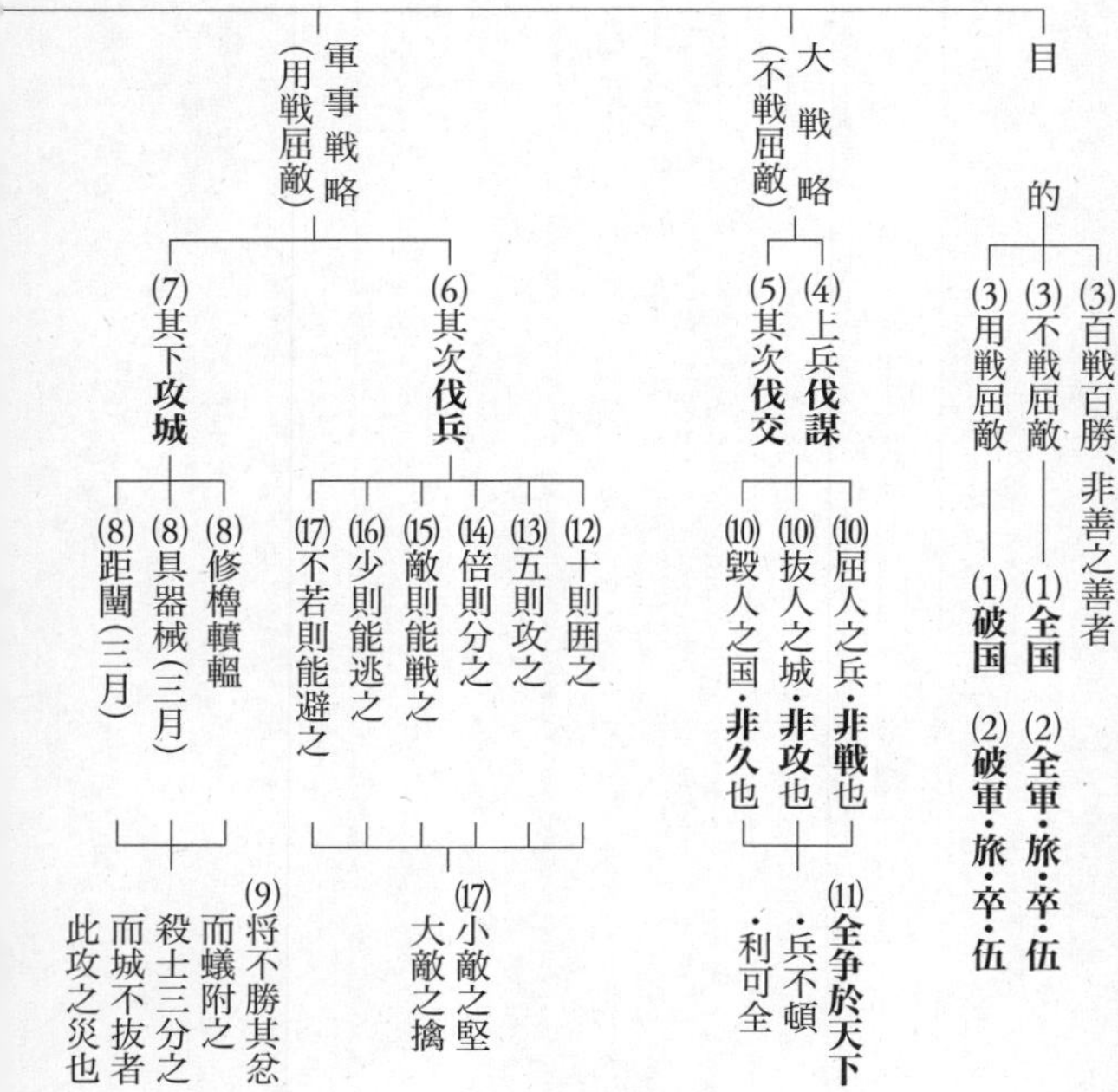
目的
(3)百戦百勝、非善之善者
(3)不戦屈敵
(1)全国
(2)全軍・旅・卒・伍
(3)用戦屈敵
(1)破国
(2)破軍・旅・卒・伍
大戦略
(不戦屈敵)
(4)上兵伐謀
(5)其次伐交
(10)屈人之兵・非戦也
(10)抜人之城・非攻也
(10)毀人之国・非久也
(11)全争於天下
・兵不頓
・利可全
軍事戦略
(用戦屈敵)
(6)其次伐兵
(7)其下攻城
(12)十則囲之
(13)五則攻之
(14)倍則分之
(15)敵則能戦之
(16)少則能逃之
(17)不若則能避之
(17)小敵之堅
大敵之擒
(8)修櫓轒轀
(8)具器械(三月)
(8)距闉(三月)
(9)将不勝其忿
而蟻附之
殺士三分之一
而城不抜者
此攻之災也

## 「第三章　謀攻篇」の体系表

**国家安全保障戦略**

- 統帥権（政軍関係）
  - (18)**将**者国之**輔**也、**輔周**（隙）則国**必強**（弱）
  - (19)**君主之三大憂患**
    - (20)縻軍
    - (21)三軍之事惑
    - (22)三軍之政疑
      - (23)諸侯之難至乱軍引勝
- (24)知勝有五／(30)知勝之道（戦勝獲得五要件）
  - (25)知可以戦、与不可以戦者勝
  - (26)識衆寡之用者勝
  - (27)上下欲同者勝
  - (28)以虞待不虞者勝
  - (29)**将能而君不御者勝**
- 結言
  - (31)知彼知己、百戦不殆
  - (32)不知彼而知己、一勝一負
  - (33)不知彼不知己、毎戦必殆

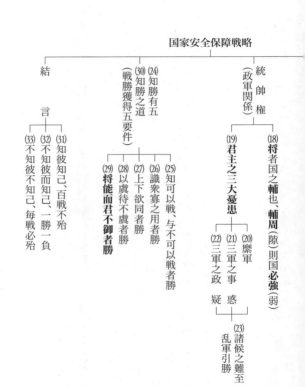

## 一　武力を行使することなく戦争目的を達成する方略とは

(1)　およそ、戦争における最善の方略は、**武力を行使することなく謀略をもって**、潜在的な脅威対象国をして自ら講和を提案させて、対象国を損傷することなく自分の勢力圏に編入することである。武力を行使して対象国の戦力を撃滅し勝利するのは、次善の策でしかない。

孫子曰《いわ》く、凡《およ》そ用兵の法は、国を全《まっと》うするを上《じょう》と為《な》し、国を破るは之《これ》に次ぐ。

［孫子曰、凡用兵之法、全国為上、破国次之］

---

**国を全うする**▼敵国を保全した状態で我が支配下に編入することであり、火攻篇⒆項にいう戦争の最善の形は「国を安んじ軍を全《まっと》うするの道」とするものである。「兵は不詳の器なり。……已むを得ずして之《これ》を用うれば恬淡《てんたん》を上と為《な》す」という老子の思想に近い戦争観である。グリフィスは、「全国為上」の「全」を to take a state inact とし、次項の「全軍為上」の「全」を to capture the enemy's army と訳出している。秀吉が事前の綿密周到なる調略により、武力を行使することなく、敵国をも保全し、領土を安堵して、天下統一の大事業を迅速に達成したことは「全国」の範例である。

(2) **敵の軍事力を無傷で、自分の指揮統制下に編入**することは、これを武力で捕捉殲滅《せんめつ》することよりも価値がある。また、敵の大隊や中隊あるいは分隊を、そっくりそのまま手に入れることは、これらを撃破することよりも価値がある。

軍を全《まっと》うするを上《じょう》と為《な》し、軍を破るは之《これ》に次ぐ。旅《りょ》を全うするを上と為し、旅を破るは之に次ぐ。卒を全うするを上と為し、卒を破るは之に次ぐ。伍《ご》を全うするを上と為し、伍を破るは之に次ぐ。

［全軍為上、破軍次之。全旅為上、破旅次之。全卒為上、破卒次之。全伍為上、破伍次之］

**軍・旅・卒・伍**▼当時の軍隊の編制部隊の単位。一伍は五人、一両は五伍で二十五人、一卒は四両で百人、一旅は五卒で五百人、一師は五旅で二千五百人、一軍は五師で一万二千五百人であった。

(3) 実際、武力戦によって百戦して百勝するということは、戦争指導の理想的な在り方ではない。**武力を行使することなく対象国を屈服させる**ことが、最善の方策である。

是《こ》の故《ゆえ》に、百戦百勝は、善の善なる者に非《あら》ざるなり。戦わずして人の兵を屈するは、善の善なる者なり。

［是故百戦百勝、非善之善者也。不戦而屈人之兵、善之善者也］

百戦百勝▼「不戦屈敵」が至善であって「百戦百勝」は、已むを得ず戦わなければならない場合の必成目標であり、決して戦争指導の望ましい在り方ではないとするものである。誤解のないように付け加えれば、潜在的な脅威対象国に自国に対する侵攻企図を醸成させないための前提条件の第一は、万が一の武力戦の勃発に際会しても、百戦百勝し得る軍事的な基礎態勢を平素から準備確立しておくことである。

## 二 戦わずして敵を屈伏させる最上の方略は「謀を伐つ」

(4) すなわち、**戦争指導において最善の方略**は、潜在的な脅威対象国が我が国に対して行なう**侵攻企図・政戦略を事前に無力化**させることである。

故《ゆえ》に、上兵《じょうへい》は謀《はかりごと》を伐《う》つ。

**謀を伐つ**▼戦争指導における最善の方略は、敵の我に対する侵攻企図や政治的・軍事的計謀を事前に無力化させることで

［故上兵伐謀］

(5) その次の方策は、潜在的な脅威対象国の**同盟関係を分断**し、**孤立化**させることである。

其《そ》の次は交《まじわり》を伐《う》つ。

［其次伐交］

(6) これらが不可能な場合は、**武力をもって敵の軍事力を撃破**しなければならない。

---

ある。軍形篇(10)項、九地篇(52)項を参照。

**交を伐つ**▼潜在的な脅威対象国の同盟関係を分断して孤立させること。日露戦争後のアメリカは、将来日米が拮抗することが避けがたいことをあらかじめ考慮して、我が国が興隆する基盤の重要な条件となった日英同盟の解消に鋭意努力し、ついに一九二一年のワシントン会議においてその策謀を実現させた。また国際共産主義運動を展開したソ連は、一九三五年のコミンテルン第七回大会決議「統一戦線」に基づき第二次国共合作を画策し、日本と中国国民党政権との和平が成就することを妨害して、我が国を支那事変の泥沼に引きずり込み、日本と蒋介石政権を共倒れに至らしめた。

其《そ》の次は兵を伐《う》つ。

［其次伐兵］

(7) 最悪の方策は、敵の城塞都市を攻撃することである。城塞都市への攻撃は、他に解決の手段・方法がない場合に限って行うべきものである。

其《そ》の下は城を攻む。城を攻むるの法は、已《や》むを得ざるが為なり。

［其下攻城、攻城之法、為不得已］

(8) なぜならば、これを攻略するためには、攻城用四輪車、攻城用兵器・資材の準備に少な

**兵を伐つ▼**伐謀伐交に成功することなく、危機に至れば、敵国の戦力を撃破して、自らの生存・生き残りを確保しなければならない。

**城を攻む▼**「城」は城壁に囲まれた都市を意味し、攻城は他に解決の手段がない場合の已むを得ざる方策としている。昭和十二年末、中華民国の首都「南京」を攻略し、支那事変の泥沼化の端緒を自ら作ってしまった中支那方面軍の「作戦戦略」は、国家としての「大戦略」、最高統帥《とうすい》部としての「軍事戦略」が、ともに欠落した最も拙劣な方策であった。

くとも三カ月を要し、さらに城壁に対する土塁を築くために必要な盛土作業に三カ月を要するからである。

櫓《ろ》・轒轀《ふんうん》を修め、器械を具《そな》うること、三月にして後に成る。距闉《きょいん》、また三月にして後に已《おわ》る（已《や》む）。

［修櫓轒轀、具器械、三月而後成、距闉又三月而後已］

(9) もしも、軍事指導者が**自制心・忍耐力を欠いて**、攻城準備の完成を待ち切れず、城壁に対して蜜蜂が群がるような、総攻撃を命じたならば、城塞都市の攻略はならず、しかも兵士の三分の一は戦死させてしまうことになるであろう。これこそが、**城攻めの弊害**である。

将、其《そ》の忿《いきどおり》に勝《た》えずして之《これ》に蟻附《ぎふ》すれば、士を殺すこと三分の一。而《しか》して城の抜けざる

---

**轒轀**▼城攻め用の工作車。**器械**▼敵の城門を破壊するための衝撃車や梯《はしご》車《しゃ》などの攻城用兵器。**距闉**▼城壁に対抗して構築する土塁で、攻城発起の拠点陣地である。敵の城壁の高さと概ね同じ高さの土塁を構築し、これに望楼を設け、敵の城内の状況を望見し偵察を容易にするとともに、攻城用の資器材を併設し、敵の城壁越えに兵力を投入する足場である。

**其の忿に勝えず**▼攻城準備に要する長期の日月を耐えて待つことができないこと。**蟻附**▼攻城準備が整わないのに、将兵

者は、此《こ》れ攻の災《わざわい》なり。

［将不勝其忿、而蟻附之、殺士三分之一。而城不抜者、此攻之災也］

⑽ したがって、戦争の本質をよく知る者は、**武力を行使することなく潜在的な脅威対象国を屈伏させる**。敢《あ》えて武力を行使して敵の城塞都市を攻略しなければならない場合においても、武力戦を長期化させることなく敵国を屈伏させるのである。

故《ゆえ》に、善《よ》く兵を用うる者は、人の兵を屈するも、而《しか》も戦うに非《あら》ざるなり。人の城を抜くも、而も攻むるに非ざるなり。人の国を毀《やぶ》るも、而も久しきに非ざるなり。

［故善用兵者、屈人之兵、而非戦也。抜人之城、而非攻也。毀人之国、而非久也］

---

は蟻が群がるような人海戦術をとる。

**善く兵を用うる者**▼戦争の本質をよく理解・認識している者。

(11)　武力を行使することなく、潜在的な脅威対象国を完全に保全した状態でそっくりそのまま支配下に入れなければならない。こうすれば、我が国の軍隊は戦闘による損害を蒙《こうむ》ることなく、戦争目的を達成することになる。これこそが、**伐謀伐交戦略の真髄**である。

必ず全《まった》きを以《もっ》て天下を争う。故《ゆえ》に、兵、頓《つか》れず、而《しか》して、利を全《まっと》うすべし。此《こ》れ謀攻の法なり。

「必以全争於天下。故兵不頓、而利可全。此謀攻之法也」

---

**必ず全きを以て**▼「全」の意は、「すべてととのう」「そろう」「たもつ」「おさまる」などである。潜在的な脅威対象国に対し直接武力を行使し、戦火を交えることなく相手を完全に保全した状態で。**謀攻の法**▼曹操は「敵と戦わずして必ず完全に之《これ》を得れば、勝ち、天下に立つ。頓《とん》兵・血刃《けつじん》せざるなり」と註している。「頓兵・血刃せず」とは、「兵、頓《つか》れ、刃《やいば》に血ぬるの害なし」という意味で、干戈《かんか》を交えることなく、対象国を雌伏《しふく》させることである。典型的なのは、人民解放軍が二〇〇三年に制定した「政治工作条例」に規定された「三戦」、すなわち「法律戦」「輿論戦」「心理戦」などである。我が国の戦国時代に多用された、敵の投降や裏切りを誘うための「調略」などが、これの典型である。

## 三　相対戦闘力の至当な見極め、小敵の堅は大敵の擒

⑿　したがって、軍事戦略、作戦戦略の要諦は以下のようになる。
敵戦力を一として我が戦力が十倍であるならば、敵を包囲する。
故《ゆえ》に用兵の法は、十なれば則《すなわ》ち之《これ》を囲む。
［故用兵之法、十則囲之］

⒀　五倍の戦力であれば攻撃する。
五なれば、則《すなわ》ち之《これ》を攻む。
［五則攻之］

**十なれば則ち之を囲む**▼我が軍の圧倒的な戦力を保有している場合は、敵を攻撃することなく包囲して威嚇《いかく》し、敵の自滅あるいは屈服を図る態勢をとる。

**五なれば則ち之を攻む**▼包囲して威嚇して敵の自滅を図るには不十分な戦力であるが、攻撃戦力としては、圧倒的に優勢であるので、戦争の長期化を避けるためにも速戦即決を図る。

(14)　敵の二倍の兵力があれば、敵を分断して処理する。

倍すれば、則《すなわ》ち之《これ》を分《わ》かつ。

［倍則分之］

**倍すれば則ち之を分かつ**▼我が軍の戦力が敵の二倍程度であれば、敵の戦力を分断し各個撃破を追求する。

(15)　敵の戦力が我が軍と同等の場合は、全力を尽くして闘わなければならない。

敵すれば、則《すなわ》ち能《よ》く之《これ》と戦う。

［敵則能戦之］

**敵**▼敵身方ほぼ同等の戦力。

(16)　我が軍の戦力が劣勢であれば、真面目な作戦・戦闘は回避すべきである。

少なければ、則《すなわ》ち能《よ》く之《これ》を逃《のが》る。

**少なければ**▼我が軍の戦力が劣勢。▽地形篇(15)(22)〜(24)項を参

「少則能逃之」

⑰ もし我が軍の戦力が劣勢ならば、敵と直接対陣することなく、一時的に離れるか、防御態勢をとれ。なぜならば、**小部隊の無理な戦闘は、大軍にとっては格好の餌食《えじき》となるだけだ**からである。

若《し》かざれば、則ち能く之を避く。故に、小敵の堅《けん》は大敵の擒《とりこ》なり。

「不若則能避之。故小敵之堅、大敵之擒也」

---

照。

**若かざれば**▼たとえ「死中に活を求める」気概をもって、奇《き》正《せい》、虚実の変法を用いたとしても、相対的な力関係に圧倒的な格差がある場合においては、自ずと限度がある。**小敵の堅**▼劣勢戦力であるにもかかわらず、無理な力戦敢闘を行う危険。曹操は、「小は大に当たること能《あた》わざるなり」と註している。▽地形篇⒂㉒〜㉔項を参照。

## 四　政軍関係（シヴィリアン・コントロール）の真髄とは

⒅　そもそも、**将軍は国家の干城《かんじよう》（最後の砦）**ともいうべき存在である。政治指導者に対する将軍の補佐が万般におよび適切である場合は、国家は必ず強く、もしも政治指導者に対する補佐に欠けるところがある場合は、必ず国家は弱体化する。

夫《そ》れ、将は国の輔《たすけ》なり。輔、周《しゆう》なれば、則《すなわ》ち国必ず強く、輔、隙《げき》あらば、則ち国必ず弱し。

［夫将者国之輔也。輔周則国必強、輔隙則国必弱］

▽本項は「政軍関係」、換言すれば「シヴィリアン・コントロール」の真髄を説くものであり、最高政治指導者である「君」と、最高軍事指導者である「将」とは、緊密な関係にあるべきことの重要性を説くものである。**輔**▼車軸の両側にある輿《こし》を挟む添え木。「輿」は補佐役の意。**周**▼細かいところまで行き届き、密接している。**隙**▼双方の間に隙間ができて、ギクシャクすること。

⒆　国軍最高司令官としての最高政治指導者が、国軍の統帥《とうすい》において留意すべき「三大憂患《ゆうかん》」

について、重ねて警鐘《けいしょう》を乱打する。

故《ゆえ》に、君の軍に患《わずら》うる所以《ゆえん》のもの三あり。

［故君之所以患於軍者三］

⑳　軍が前進（進撃）すべき状況にはないことを理解・認識せずに前進を命じたり、退却すべきでない戦況にあることを理解・認識せずに退却を命じたりすれば、「軍隊を最悪の状況に投ずる」ことになる。

軍の以《もっ》て進むべからざるを知らずして、之《これ》に進めと謂《い》い、軍の以て退《しりぞ》くべからざるを知らずして、之に退けと謂う。是《これ》を縻軍《びぐん》（軍を縻《つな》ぐ）と謂う。

▽本篇⑳〜㉓項は、第一線部隊指揮官の指揮運用の権限に伴う責任を負うことができない者が、戦場における指揮運用に干渉することの危険性について警鐘を乱打するものである。▽九変篇⑻項、地形篇⑱項、九地篇㊵項を参照。**患うる**▼憂慮すべき不運を招来すること。

**縻軍**▼「縻」は牛をつなぐ鼻輪のことで、軍隊の行動の自由を奪い、束縛すること。

［不知軍之不可以進、而謂之進、不知軍之不可以退、而謂之退。是謂縻軍］

(21) 軍の内情をまったく知らないのに軍政に関与すれば、軍首脳は途方に暮れ、よるべき指針を見失うことになる。

三軍の事を知らずして、三軍の政《せい》を同じうすれば、則《すなわ》ち軍士惑う。

［不知三軍之事、而同三軍之政者、則軍士惑矣］

**三軍**▼軍隊の意。当時、軍の機動にあたり全軍を前軍、中軍、後軍の三つに区分したことから三軍というようになった。現代風にいえば、陸海空軍と概ね同じ意味。**三軍の事**▼「事」は政と同じ意味で軍事行政のこと。**三軍の政**▼「三軍之事」と同じく軍政のことだが、「事」の場合は部隊レベルの軍政、「政」の場合は国家レベルの軍政。

(22) 指揮・統帥《とうすい》が何であるかをまったく知らないのに、軍の責任遂行の一端を担わんとすれば、軍首脳の自信を喪失させ、疑念を起こさせることになる。

三軍の権《けん》を知らずして、三軍の任《にん》を同じうすれば、則《すなわ》ち軍士疑う。

［不知三軍之権、而同三軍之任、則軍士疑矣］

(23) もしも、**軍が統一を欠き、首脳が遅疑《ちぎ》逡巡《しゅんじゅん》し中枢機能が麻痺すれば**、その弱点に乗じて、近隣諸国が難題をもちかけてくることとなろう。軍の指揮統率を混乱させ、敗北の一因となるであろう。

三軍既に惑い且《か》つ疑う時は、則《すなわ》ち諸侯の難《なん》至る。是《こ》れを、軍を乱して勝《かち》を引くと謂《い》う。

［三軍既惑且疑、則諸侯之難至矣。是謂乱軍引勝］

---

**三軍の権**▼「権」とは「詭道《きどう》」のこと。すなわち臨機応変、状況即応の指揮運用の意。**三軍の任**▼軍隊の任務役割。**軍士**▼各級部隊指揮官。

**諸侯の難**▼形勢を観望していた周辺の第三国（復）が干渉してくること。**勝を引く**▼敵に勝利の機会を提供する。

## 五　戦勝獲得の五要件

(24)　勝利を獲得するためには、五つの要件があることを心得ておかねばならない。

故《ゆえ》に、勝《かち》を知るに五あり。

［故知勝有五］

勝を知る▼勝利を予測すること。▽地形篇(25)項を参照。

(25)　戦うべき時と戦うべからざる時とを知ることができる者は、勝利できる。

以《もっ》て戦うべきと、以て戦うべからざるとを知る者は勝つ。

［知可以戦、与不可以戦者勝］

以て戦うべき▼戦機。

(26) 多数の兵力を運用する場合と少数の兵力を運用する場合との、それぞれの運用法の違いを知っている者は勝利できる。

衆《しゅう》寡《か》の用《よう》を識《し》る者は勝つ。

［識衆寡之用者勝］

**衆寡の用**▼相対戦闘力の比較による用兵。▽地形篇(22)～(24)項を参照。

(27) 将兵の心を、**共通の目的に対して一つに結束**させ邁進させられる者は、勝利できる。

上《しょう》下《か》、欲を同じうする者は勝つ。

［上下同欲者勝］

**上下、欲を同じうする**▼将兵の心を統一し、作戦・戦闘のベクトルを一致させる者は勝利できる。▽始計篇(4)項、行軍篇(43)(44)項を参照。

(28) **綿密で周到な準備を整えて**、油断し安易な態勢にある敵に対応する者は、勝利できる。

虞《ぐ》を以《もっ》て不虞《ふぐ》を待つ者は勝つ。

［以虞待不虞者勝］

(29) 有能で、しかも**最高政治指導者の統帥《とうすい》干渉から自由な軍隊指揮官**を擁する者は、勝利できる。

将、能《のう》にして、君、御《ぎょ》せざる者は勝つ。

［将能而君不御者勝］

(30) この戦勝獲得の五つの要件によって、勝利の道は明らかとなる。

此《こ》の五者は、勝《かち》を知るの道なり。

---

**虞**▼準備周到。

---

**将、能にして**▼軍隊指揮官の統帥能力。**御**▼干渉する、行動の自由を制扼《せいやく》する。▽本篇(18)～(23)項、九変篇(8)項、地形篇(18)項を参照。

［此五者、知勝之道也］

(31) **彼**を知り、己《おのれ》を知れ。そうすれば、百回戦っても敗れることはないであろう。

故《ゆえ》に曰《いわ》く、彼を知り己《おのれ》を知らば、百戦殆《あや》うからず。

［故曰、知彼知己、百戦不殆］

**彼**▼敵国のみならず、潜在的な脅威対象国、中立国、同盟国など、自国以外のすべての第三国を指す。▽地形篇(26)項を参照。

(32) **彼**のことを知らず、己《おのれ》のことだけを知っているのであれば、勝ち負けの公算は五分と五分である。

彼を知らずして己《おのれ》を知れば、一勝《いつしよう》一負《いつぷ》す。

［不知彼而知己、一勝一負］

(33)　**彼**を知らず、己《おのれ》自身をも知らないのであれば、戦うごとに敗れるのは必定《ひつじょう》である。

彼を知らず己《おのれ》を知らざれば、毎戦必ず殆《あや》うし。

［不知彼不知己、毎戦必殆］

# 第四章

# 軍形篇

- 軍事戦略の狙い
  - (1)先為不可勝
    - (2)不可勝在己
    - (3)能為不可勝
    - (4)勝可知
  - (1)以待敵之可勝
    - (2)可勝在敵
    - (3)不能使敵必可勝
    - (4)不可為
- 基本方針
  - ⒂善用兵者、修道而保法、故能為勝敗之政
- 攻守の戦理
  - (5)不可勝者守也
    (6)守則不足
    (7)善守者、蔵於九地之下、(7)故能自保
  - (5)可勝者攻也
    (6)攻則有余
    (7)善攻者、動於九天之上、(7)而全勝

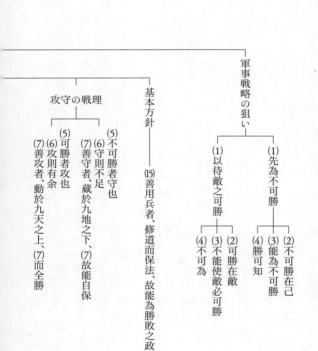

## 「第四章　軍形篇」の体系表

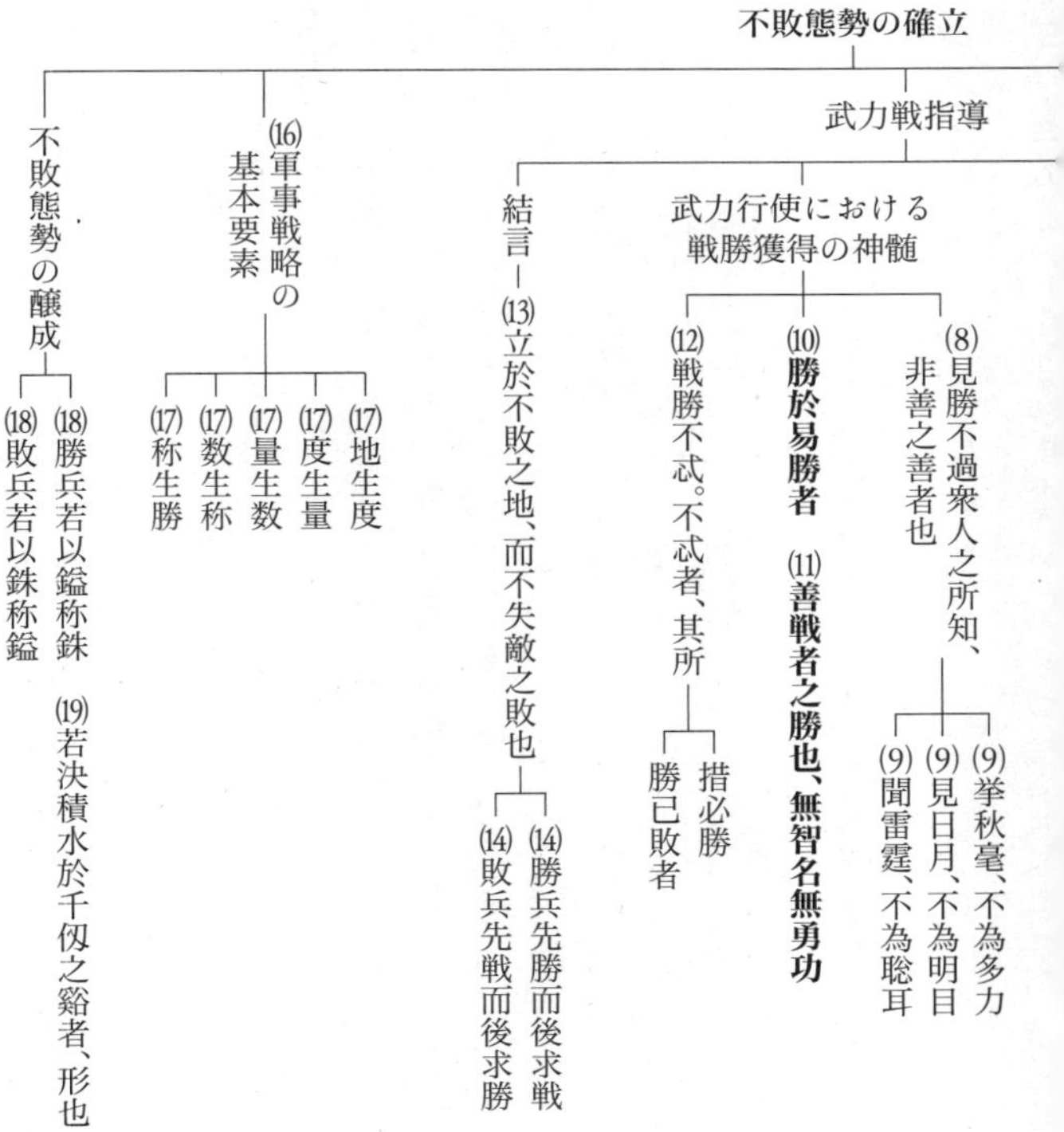
不敗態勢の確立
武力戦指導
武力行使における戦勝獲得の神髄
(8)見勝不過衆人之所知、非善之善者也
(9)挙秋毫、不為多力
(9)見日月、不為明目
(9)聞雷霆、不為聡耳
(10)勝於易勝者
(11)善戦者之勝也、無智名無勇功
(12)戦勝不忒。不忒者、其所
措必勝
勝已敗者
結言
(13)立於不敗之地、而不失敵之敗也
(14)勝兵先勝而後求戦
(14)敗兵先戦而後求勝
(16)軍事戦略の基本要素
(17)地生度
(17)度生量
(17)量生数
(17)数生称
(17)称生勝
不敗態勢の醸成
(18)勝兵若以鎰称銖
(18)敗兵若以銖称鎰
(19)若決積水於千仞之谿者、形也

## 一　攻勢・攻撃よりもまずは不敗態勢の確立を優先すべし

(1)　昔の戦いに巧みな者は、まず**不敗の態勢を確立**した後に、敵が弱点を露呈する戦機の到来を待ち構えたものである。

孫子曰《いわ》く、昔《いにしえ》の善《よ》く戦う者は、先《ま》ず勝つべからざるを為《な》して、以《もっ》て敵の勝つべきを待つ。

［孫子曰、昔之善戦者、先為不可勝、以待敵之可勝］

**勝つべからざる**▼敵が我が軍に勝つことができない、不敗の態勢を構築整備すること。**敵の勝つべきを待つ**▼敵が隙を見せて、我が軍が勝てる弱点を敵が露呈する戦機の到来を待つ。

(2)　**不敗の態勢**は、自らが作りあげるものであるが、敗けやすい態勢は、敵自身によって作り出される。

勝つべからざるは己《おのれ》に在り、勝つべきは敵に在り。

［不可勝在己、可勝在敵］

**勝つべからざる**▼不敗の態勢。

(3)　したがって、**戦いの真髄をよく心得た者**は、不敗の態勢は自分で整備確立できても、必ずしも敵を敗けやすい態勢にすることができるわけではないことを熟知している。

故に、善《よ》く戦う者は、能《よ》く勝つべからざるを為すも、敵をして必ず勝つべからしむる能《あた》わず。

［故善戦者、能為不可勝、不能使敵必可勝］

**敵をして必ず勝つべからしむる**▼敵は我が軍の意のままになるものではないので、敵に隙をつくらせて我が軍に敗れるようにしむけるのは難しいことである。

(4)　したがって、**勝利の理論・方法を知る**ことと、**勝利を実現する能力**とは、必ずしも一致するものではない。

故《ゆえ》に曰《いわ》く、勝《かち》は知るべし。而《しか》して為《な》すべからず（若《も》しくは、勝は知るべくして為すべからず）と。

［故曰、勝可知、而不可為］

▽クラウゼヴィッツも『戦争論』において、軍事の理論を「知ることは易いが、実行することは難しい」と言っている。

**知るべし**▼知ることはできる。**知るべくして為すべからず**▼実行することは難しい。

(5) **不敗の態勢というものは、守勢の中にあり、勝利の可能性は攻勢の中から生じる。**

勝つべからざる者は守りなり。勝つべき者は攻なり。

［不可勝者守也。可勝者攻也］

▽(5)〜(6)項は、『竹簡孫子』では、「不可為也、不可勝守、可勝攻也、守則有余、攻則不足」となっており、攻守の有余不足が百八十度逆転する表現になっている。**勝つべからざる者**▼不敗の態勢。**勝つべき者**▼勝利の可能性。

(6) 攻勢するに足る戦力がない時には守勢をとる。攻勢は、十二分な戦力を保有している時に行う。

守るは則《すなわ》ち足らざればなり。攻むるは則ち余りあればなり。

［守則不足、攻則有余］

▽本項は、前(5)項とともに『今文孫子』と『竹簡孫子』が、百八十度異なった表現になっているところである。▽百戦百勝の可能性がなければ、攻勢は採用しないとする考え方。**足らず**▼戦力が不足している。

(7) **守勢**に巧みな者は、九地《きゅうち》（極めて広く深い地域）の下に身を隠し、**攻勢**に巧みな者は、あたかも九天の空から一気に襲いかかるかのような行動をする。したがって、彼らは、自らを保全することも、攻勢に出て勝利を確実にすることも可能なのである。

善《よ》く守る者は、九地《きゅうち》の下に蔵《かく》れ、善く攻むる者は、九天《きゅうてん》の上を動く。故《ゆえ》に、能《よ》く自らを保ちて、勝《かち》を全《まっと》うするなり。

**九地**▼極めて広大で縦深のある地域。**九天**▼計測できないほど空高い所にある天界。いずれの「九」も、数字そのものには意味がなく、「極めて」という意味。**能く自らを保ち**▼

「善守者、蔵於九地之下、善攻者、動於九天之上。故能自保而全勝也」

損害を蒙《こうむ》ることのない状態で自己保全を図る。

## 二　部隊の勇戦敢闘よりも、将帥による無理なき指揮統率を

(8)　作戦・戦闘において**戦機を看破をする作戦・戦術的な識見**が、凡々たる将帥たちより卓越していなければ、優れた軍事指導者とみなされない。

勝《かち》を見ること、衆人の知る所に過ぎざるは、善の善なる者に非《あら》ざるなり。

**衆人**▼凡庸な人々。

「見勝不過衆人之所知、非善之善者也」

(9)「戦《いくさ》の達人」と天下の喝采を浴びるような勝ち方は、卓越した戦略戦術家の仕業ではない。それは、秋の小鳥の羽毛を持ち上げても力持ちとはいわないし、太陽と月を見分けられても眼がよいとはいわないし、雷鳴が聞こえても優れた聴力の持ち主とはいわないのと同じようなものだからである。

戦い勝ちて、天下善《よ》しと曰《い》うは、善の善なる者に非《あら》ざるなり。故に、秋毫《しゅうごう》を挙《あ》ぐるも多力と為さず、日月を見るも明目《めいもく》と為さず、雷《らい》霆《てい》を聞くも聡耳《そうじ》と為さず。

［戦勝而天下曰善、非善之善者也。故挙秋毫、不為多力。見日月、不為明目。聞雷霆、不為聡耳］

**天下善しと曰う**▼天下の喝采を浴びる。**秋毫**▼小鳥の細い羽毛。**雷霆**▼稲妻。**聡耳**▼よく聞こえる耳。

(10)すなわち、昔から名将といわれている指揮官は、配下の部隊が格別に勇戦敢闘をしなくても容易に勝てる敵に対して戦いを挑み、勝利を獲得した者なのである。

古《いにしえ》の所謂《いわゆる》善く戦う者は、勝ち易きに勝つ者なり。

［古之所謂善戦者、勝於易勝者也］

▽謀攻篇⑷項「上兵伐謀」、勢篇㉑項、九地篇(52)項を参照。

(11) したがって、**名将とは勝ちやすい敵と戦って勝利を収める者**であるから、智謀の名声も与えられず、武勇の栄誉も与えられないのである。

善《よ》く戦う者の勝つや、智名《ちめい》も無く勇功《ゆうこう》も無し。

［故善戦者之勝也、無智名無勇功］

▽本項に対応する『竹簡孫子』では、後半が「無奇勝、無智名、無勇功」となっており、孫武の軍事合理性の徹底を垣間見ることができる。**智名**▼智謀に優越しているという名声。**勇功**▼武勇の誉れ高いこと。

(12) なぜなら、名将がもたらす勝利とは派出なものではなく、無理をすることなく勝ちやすい条件の下、戦う前に既に敗北すべき態勢に陥《おちい》っている敵を撃ち破っているからである。

故《ゆえ》に、其《そ》の戦勝忒《たが》わず。忒わずとは其の措《お》く所必ず勝つ。已《すで》に敗るる者に勝つなり。

「故其戦勝不忒。不忒者、其所措必勝。勝已敗者也」

**忒わず**▼間違いのない、確実な。

(13) したがって名将は、**不敗の態勢を確立**して、敵が敗北する**戦機**を逸することがない。

故《ゆえ》に、善《よ》く戦う者は、不敗の地に立ちて、敵の敗《はい》を失わざるなり。

「故善戦者、立於不敗之地、而不失敵之敗也」

**敵の敗を失わざる**▼敵の態勢が崩壊して、暴露した弱点に乗じて撃つべき戦機を逃さないこと。

(14) したがって名将が勝利を収めるのは、戦いを挑む前に勝利を収める態勢をとっているからである。敗北の運命にある軍隊は、勝利の目算も見通しもなく戦うのである。

是《こ》の故《ゆえ》に、勝兵は先《ま》ず勝ちて而《しか》る後に戦いを求め、敗兵は先ず戦いて而る後に勝《かち》を求む。

［是故、勝兵先勝而後求戦、敗兵先戦而後求勝］

**先ず勝ちて**▼事前に勝利への目算・見通しをつけ、基礎的態勢をとっていること。▽九地篇(27)項を参照。

(15) 名将とは、自ら「道」を修め、部下には法令・法規を自ずと遵守させるものである。このことにより名将は、勝利の方策を打ち出すことができる。

善《よ》く兵を用うる者は、道を修めて法を保つ。故《ゆえ》に、能《よ》く勝敗の政《まつりごと》を為《な》す。

［善用兵者、修道而保法。故能為勝敗之政］

**道を修めて法を保つ**▼始計篇(3)項の「道・天・地・将・法」の「道」と「法」。グリフィスは、「道（Tao）」をcultivateし、法令をpreserveさせる、としているが、この「道」を作戦・戦術の戦理戦法とする見方もある。**勝敗の政**▼勝利獲得のための方策。

## 三　軍事戦略の五大基本要素

⒃　中国に昔から伝わる兵法書には、戦争、特に武力戦の基本的要素は、第一に空間（**度**）の考察、第二に物的戦力（**量**）の見積もり、第三に兵力数（**数**）の計算、第四にこれら三要素の比較考量（**称**）、第五に勝利の可能性（勝：大戦略的な勝算、軍事戦略的な勝算）の見積もりである、と書かれている。

兵法に、一に曰《いわ》く度《たく》、二に曰く量《りょう》、三に曰く数《すう》、四に曰く称《しょう》、五に曰く勝《しょう》。

［兵法、一曰度、二曰量、三曰数、四曰称、五曰勝］

⒄　戦場の戦略的・戦術的な特性により軍隊の兵力配備の大綱（度《たく》）が決められる。この配

**兵法**▼孫武の時代、既に存在していた兵法書。**度**▼地域の戦略的戦術的な価値判断。**量**▼戦場に投入すべき戦力判断。**数**▼兵力数の算定。**称**▼敵と身方の相対的戦力の比較検討。**勝**▼勝利の可能性についての見積もり・判断。▽地形篇⒄項を参照。

備部署により戦闘部隊の量が決まり、この戦闘部隊により兵力数が見積もられる。これにより敵身方の相対戦闘力が比較考量（称）され、この判断が適切になされることで勝敗が明らかになる。

地は度《たく》を生ず。度は量《りょう》を生じ、量は数を生じ、数は称《しょう》を生じ、称は勝《しょう》を生ず。

［地生度。度生量、量生数、数生称、称生勝］

⒅したがって、相対的戦力の優劣と、戦場の戦略的・戦術的な特性の利・不利を比較するという基本をきちんと行なう軍隊の勝利は、天秤《てんびん》での軽い分銅《ぶんどう》と重い分銅とを称《はか》るようなものので、帰趨は明らかである。

故《ゆえ》に、勝兵は鎰《いつ》を以《もっ》て銖《しゅ》を称《はか》るが若《ごと》く、敗兵は銖を以て鎰を称るが若し。

▽地形篇⒄項を参照。

**鎰**▼重量の単位。約三百二十グラムぐらいの分銅《ぶんどう》。一両が十六グラムで、二十両の重量。**銖**▼重量の単位。一両の二十四分の一で約〇・六七グラムの分銅。

［故勝兵若以鎰称銖、敗兵若以銖称鎰］

―

## 四　一瞬の戦機を捕捉できる不敗態勢の確立を！

⒆　民（軍隊）を、積水を千仞《せんじん》の谷底に向かって一気に切って落とすような威力（勢い、エネルギー）で戦わせることができるのは、**不敗の態勢をとり**、次いで、敵に勝つことができる戦機を逃さない**基礎態勢**（**形**）**を事前に構築・整備**しているからである。

勝つ者の民を戦わしむるや、積水《せきすい》を千仞《せんじん》の谿《たに》に決するが若《ごと》くなるは、形《かたち》なり。

［勝者之戦民也、若決積水於千仞之谿者、形也］

**民**▼軍隊のこと。一般国民から徴募した将兵であることから、転じて軍隊となる。**積水**▼満々と貯えられた水。**千仞**▼「仞」は八尺、「千」という数字には格別の意味はなく非常に深いということ。

# 第五章

# 勢篇

基本原則

- (1)凡治衆如治寡、**分数**是也 —— 編成・組織
- (2)闘衆如闘寡、**形名**是也 —— 指揮・通信
- (3)三軍之衆、可使必受敵而無敗者、**奇正**是也
- (4)兵之所加、如以碫投卵者、**虚実**是也
  - 凡戦者、(5)以**正合**、**以奇**勝

- (6)善出奇者、無窮如天地、不勝竭如江河
- (7)終而復始、日月是也。死而復生、四時是也

- (8)声不過五
- (9)色不過五
- (10)味不過五
  - 戦勢不過奇正、(11)奇正之変、不可勝窮也
  - **奇正**相生、(12)如循環之無端、孰能窮之
    - (17)紛紛紜紜、闘乱而不可乱也
    - (17)渾渾沌沌、形円而不可敗也

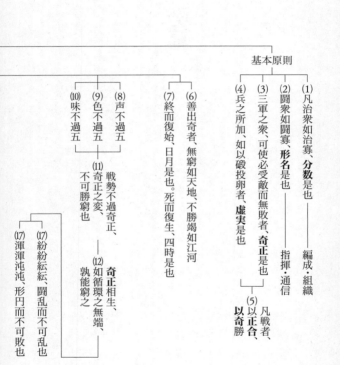

## 「第五章　勢篇」の体系表

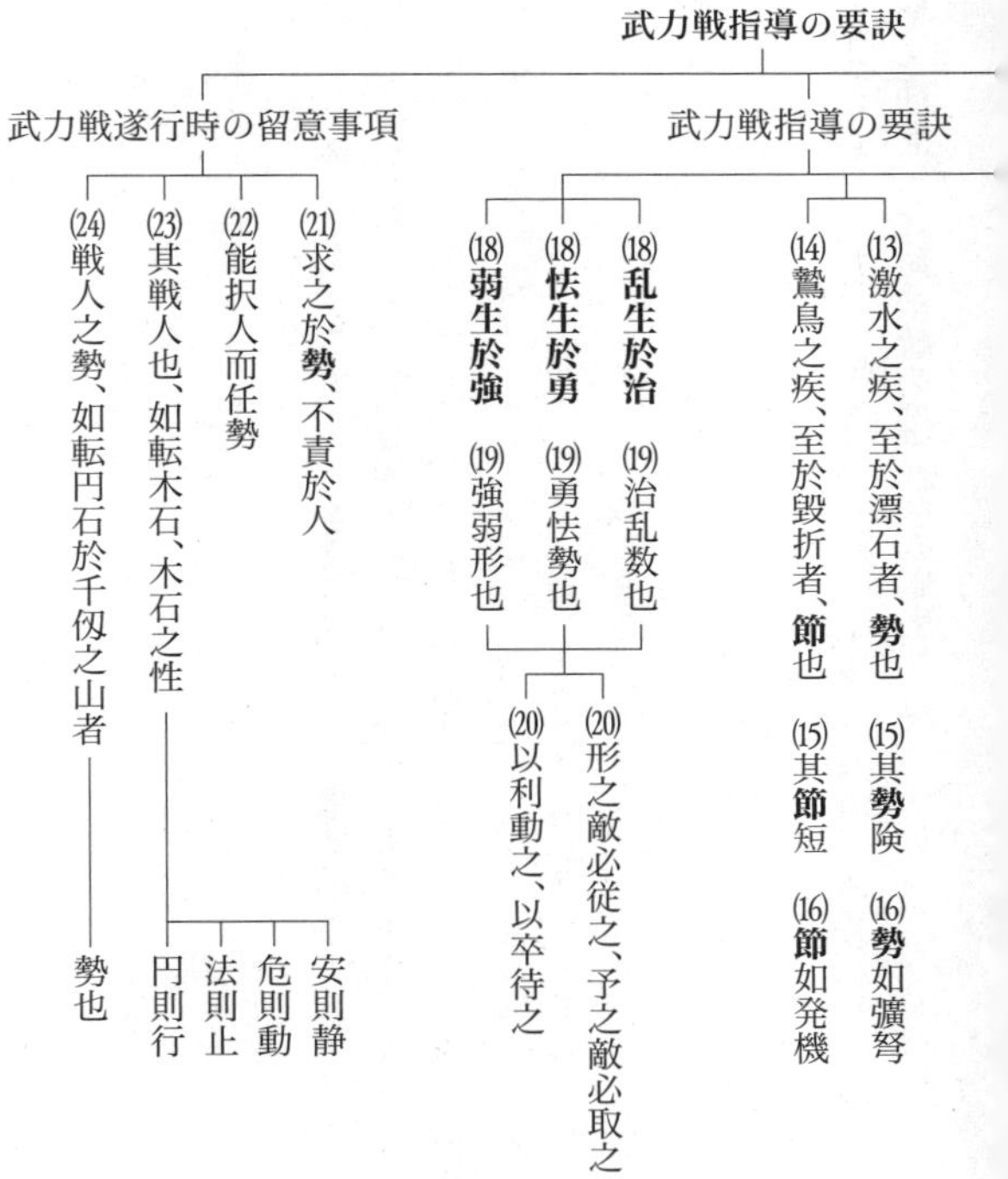
武力戦指導の要訣
武力戦指導の要訣
(13)激水之疾、至於漂石者、勢也
(15)其勢険
(16)勢如彍弩
(14)鷙鳥之疾、至於毀折者、節也
(15)其節短
(16)節如発機
(18)乱生於治
(19)治乱数也
(18)怯生於勇
(19)勇怯勢也
(18)弱生於強
(19)強弱形也
(20)形之敵必従之、予之敵必取之
(20)以利動之、以卒待之
武力戦遂行時の留意事項
(21)求之於勢、不責於人
(22)能択人而任勢
(23)其戦人也、如転木石、木石之性
安則静
危則動
法則止
円則行
(24)戦人之勢、如転円石於千仞之山者
勢也

# 一　組織・編成の整備と指揮・通信・連絡系統の確立

(1)　多人数の将兵の統率も少人数の将兵の統率も同じである。要は、**分数（組織・編成）**の問題である。

孫子曰《いわ》く、凡《およ》そ、衆《しゅう》を治むること寡《か》を治むるが如くなるは、分数《ぶんすう》、是《これ》なり。

［孫子曰、凡治衆如治寡、分数是也］

(2)　多人数を少人数と同様に指揮・統率するには、**形名**すなわち**視覚信号（形）**と**聴覚信号（名）**とによる指揮・通信・連絡系統の確立が問題となる。

---

**衆**▼多くの人数。**寡**▼少ない人数。**分数**▼ある数を他の数で割り算することから、転じて多くの人々を掌握し、制御しやすい規模の人数に区分けして、適当な規模の組織・構造を構築・整備することをいうが、もともと「分」は隊伍を組むこと、「数」は各部隊の兵員数のことを指していた。a matter of organization

衆《しゅう》を闘わしむること、寡《か》を闘わしむるが如《ごと》くなるは、形名、是《これ》なり。

［闘衆如闘寡、形名是也］

**形名**▼「形」は目に見える旗や幟《のぼり》の類で、「名」は音声のことで、耳に聞こえる鐘や太鼓の類。いずれも戦場における指揮通信連絡の手段。a matter of formations and signals

(3)　軍隊が敵と闘って敗北しないのは、**臨機応変の機略**をもって敵の意表を衝《つ》く**間接的な力**（**奇**）と、**正攻法**で敵を打撃する**直接的な力**（**正**《せい》）の巧妙な組み合わせによる。

三軍の衆、必ず敵を受《こた》えて、敗ることなからしむべきものは、奇正《きせい》、是《これ》なり。

［三軍之衆、可使必受敵而無敗者、奇正是也］

**敵を受えて**▼敵と交戦すること。「受」＝「応」　**奇正**▼「詭《き》道《どう》」による臨機応変の奇襲法と合理的な相対戦闘力の算定見積もりによる正攻法。the extraordinary and normal forces

(4)　砥石《といし》を卵にぶつけたような勝ち方ができるのは、準備不十分で隙のある敵に、準備周到で隙のない者が圧倒的な戦力を投じるからである。

兵の加うる所、碬《たん》を以《もっ》て卵に投ずるが如《ごと》き者は、虚実《きょじつ》、是《これ》なり。

［兵之所加、如以碬投卵者、虚実是也］

**碬**▼砥石。**虚実**▼「虚」とは、準備不十分で隙のあること。「実」とは、十二分の準備が整い隙のないこと。

## 二　戦いは正を以て合い、奇を以て勝つ

**(5)　戦闘は、正攻法で敵に対し直接的な力（正《せい》）を加え、戦況の変化に即して臨機応変に敵の意表を衝《つ》く間接的な力（奇《き》）をもって決しなければならない。**

凡《およ》そ、戦いは正《せい》を以《もっ》て合い、奇《き》を以て勝つ。

［凡戦者、以正合、以奇勝］

(6)　奇《き》の用兵に慣熟しているというのは、**奇と正《せい》の戦法**を有機的に一体化して、戦況の変化に即して臨機応変に駆使できる者であって、その機略は天地の運行のように無限であり、大河の流れのように尽きることがない。

故《ゆえ》に、善《よ》く奇《き》を出す者は、窮《きわま》り無《な》きこと天地の如《ごと》く、竭《つ》きざること江河《こうが》の如し。

［故善出奇者、無窮如天地、不勝竭如江河］

**江河**▼長江（揚子江）や黄河のこと。

(7)　奇《き》と正《せい》は不即不離であり、奇の中に正があり、正の中に奇があり、奇が変化して正となり、正が変化して奇となる。日と月の運行のように、あるいは季節の循環のように、終わることがない。

終わりて復《ま》た始まる、日月、是《これ》なり。死して復た生ず。四時《しいじ》、是なり。

**四時**▼春夏秋冬、四季。

［終而復始、日月是也。死而復生、四時是也］──

(8) 音楽の調べは、わずかに五音を基本とするにすぎないが、その組み合わせは無数にあり、すべてを聴くことは不可能である。

声は五に過ぎざるも、五声の変は、勝《あ》げて聴くべからざるなり。

［声不過五、五声之変、不可勝聴也］

(9) 色の原色は、五色にすぎないが、その組み合わせは数えきれないほどであり、すべてを目にすることは不可能である。

色は五に過ぎざるも、五色の変は、勝《あ》げて観《み》るべからざるなり。

**五声の変**▼音楽は五声（中国では、宮《きゅう》・商《しょう》・角《かく》・徴《ち》・羽《う》の五音としている）を基本とするが、これを組み合わせる音楽の調べは無限である。

**五色の変**▼色の基本である「五色」は、中国では青・赤・黄・白・黒とされている。「変」は色柄の組み合わせ。

［色不過五、五色之変、不可勝観也］

(10) 味は五種類あるにすぎないが、その組み合わせは多様きわまりなく、すべてを味わいつくすことは不可能である。

味は五に過ぎざるも、五味の変は、勝《あ》げて嘗《な》むべからざるなり。

［味不過五、五味之変、不可勝嘗也］

**五味の変▼**「五味」とは、辛《からい》・酸《すっぱい》・鹹《しおからい》・甘《あまい》・苦《にがい》である。「変」は味つけの組み合わせ。

(11) 戦いの類型は、正《せい》と奇《き》の二つの力と方法が存在するにすぎないが、その組み合わせによる変化は無限であり、常人がすべてを把握することは不可能である。

戦勢は奇正《きせい》に過ぎざるも、奇正の変は、勝《あ》げて窮《きわ》むべからざるなり。

［戦勢不過奇正、奇正之変、不可勝窮也］

⑿ なぜならば、この奇法《き》と正法《せい》という二つの用兵（力）の相互作用というものは、戦況の変化に応じて無限に変化するものであって、それはあたかも、つながった丸い環《リング》のように果てのないものである。どこで始まり、どこで終わるのかは、誰にもわからない。

奇正《きせい》の相生《あいしょう》ずるは、循環《じゅんかん》の端無《はしな》きが如し。孰《たれ》か能《よ》く之《これ》を窮《きわ》めんや。

［奇正相生、如循環之無端、孰能窮之］

**循環の端無き**▼丸くひとつにつながった環《リング》のように果てがないこと。

## 三　絶妙なる戦機の捕捉による敏捷な衝撃力の投入

⒀　激流が岩石を転がすのは、水に内在する猛烈なエネルギー（勢）による。

激水《げきすい》の疾《はや》き、石を漂《ただよ》わすに至る者は、勢《せい》なり。

［激水之疾、至於漂石者、勢也］

⒁　鷹が獲物の骨節を一撃で打ち砕くのは、その絶妙なタイミング（戦機の捕捉）による。

鷙鳥《しちょう》の撃《う》つや、毀折《きせつ》に至る者は、節《せつ》なり。

［鷙鳥之撃、至於毀折者、節也］

---

**激水**▼激流。

**鷙鳥**▼鷹《たか》や鷲のように獲物を襲う猛禽《もうきん》のこと。**毀折**▼打ち砕く。**節**▼竹の節《ふし》から転じて、節度、折り目のこと。

(15) これとまったく同様に、武力戦の本質をよく理解している者は、敵に抵抗する余裕を与えずに、**瞬間的な衝撃を、絶妙のタイミング（戦機）**で投じる。

是《こ》の故《ゆえ》に、善《よ》く戦う者は、其《そ》の勢《せい》や険《けん》にして、其の節は短し。

［是故、善戦者、其勢険、其節短］

**険**▼激しいこと。**短**▼力を十二分に蓄えて、タイミングを見計らって一度に噴出させる様《さま》。

(16) 弩《いしゆみ》の内に蔵したエネルギー（戦闘力）は、満月のように引き絞った大弓（弩弓）のようでなければならない。また、戦闘開始のタイミングは、最大の瞬発力を発揮させる俊敏な鷹《たか》のようでなければならない。

勢は弩《いしゆみ》を彍《は》るが如くし、節《せつ》は機を発するが如くす。

［勢如彍弩、節如発機］

**弩**▼石弓。**節**▼弩の引きがねを放つ瞬間のエネルギー。**機**▼弩の引きがね。弩を十分に引き絞り、弩のエネルギーを満々と貯えておくこと。

# 四　戦場の混乱流動化には組織・編成と指揮通信機能の確立で

(17)　戦場が乱戦状態に陥《おちい》ったとしても、**組織・編成（分数《ぶんすう》）**と**指揮通信機能（形名）**が確立してさえいれば乱れることはない。また戦闘が混戦し流動化しても、これ（分数・形名）さえしっかりしておけば、敗北することはない。

紛々紜々《ふんぷんうんうん》、闘いて乱るるも、乱るべからざるなり。渾々沌々《こんこんとんとん》、形、円《まどか》なるも、敗るべからざるなり。

「紛紛紜紜、闘乱而不可乱也。渾渾沌沌、形円而不可敗也」

**紛紛紜紜**▼紛紜の強調語。喧噪とどよめきの坩堝《るつぼ》と化した戦場の状況。**渾渾沌沌**▼「渾」は激流、「沌」は激流の渦巻く様《さま》。**形、円なる**▼戦況が流動化しても敏速に隊形陣形を戦況の変化に即応させること。

(18) **混乱**は**秩序**の中に、**臆病**は**勇気**の中に、**弱さ**は**強さ**の中に潜在している。

乱《らん》は治《ち》に生じ、怯《きよう》は勇に生じ、弱は強に生ず。

［乱生於治、怯生於勇、弱生於強］

**乱**▼混乱状態。**治**▼秩序。**怯**▼臆病。▽本項に関連し、山本七平は、大東亜戦争時の我が大本営は「経済力が戦力に転化する」ということを理解していなかったと評している（『孫子の読み方』98頁）。

(19) 秩序と無秩序は**組織・編成**（**分数**《ぶんすう》）の問題であり、勇怯《ゆうきよう》は戦況の変化に応じる**臨機応変の指揮統率**（**勢**）の問題であり、強弱は**兵力部署**（**形**）の問題である。

治乱《ちらん》は数なり。勇怯《ゆうきよう》は勢《せい》なり。強弱は形なり。

［治乱数也。勇怯勢也。強弱形也］

**数**▼「分数」すなわち組織編成。**勢**▼組織編成の勢い。**形**▼陣形・隊形といった態勢の適否。

(20) したがって名将は、敵に対し自ら作為的に自軍の態勢の混乱や欠陥を露呈させる。手を出さずにはいられないような餌《え》や囮《おとり》の利益をちらつかせて敵の態勢を崩した後に、企図を秘匿して準備した正々堂々の反撃をもって、釣《つ》り出《だ》された敵を撃破するのである。

故《ゆえ》に、善《よ》く敵を動かす者は、之《これ》に形すれば敵必ず之に従い、之に予《あた》うれば敵必ず之を取る。利を以《もっ》て之を動かし、卒《そっ》を以て之を待つ。

［故善動敵者、形之敵必従之、予之敵必取之。以利動之、以卒待之］

▽本項は、敵に対し我が兵力配備の弱点を意図的に露呈して、敵に真面目な攻撃をさせる釣り出し戦法、すなわち誘致導入の戦法を説くものである。**之を形すれば**▼脆弱な態勢を示せば。**之に予うれば**▼餌や囮を与えれば。**卒**▼急速に、卒《にわ》かに、の意。精卒は、精鋭なる軍隊の意。▽町田三郎は、「卒」を愈樾《ゆえつ》の説にしたがって「詐」と改めている（中公文庫、36頁）。さらに金谷治は、「軍争篇」では、「兵以詐立、以利動」の「詐」と「利」とを対言としている（岩波文庫、71頁、94頁）。

## 五　部下将兵の勇戦敢闘よりも指揮官の戦機の捕捉がカギ

(21)　したがって、有能な指揮官は、戦況の流れの中の勢いに**勝機**を求め、**配下の部隊や部下**

将兵の獅子奮迅の勇戦敢闘に期待する無理な要求をすることはない。部下将兵に責任を転嫁することもない。

故《ゆえ》に、善《よ》く戦う者は、之《これ》を勢《せい》に求めて、人に責《もと》めず。

［故善戦者、求之於勢、不責於人］

**人に責めず**▼人に依存しない。▽軍形篇(10)項、九地篇(52)項を参照。

(22) したがって名将は、部下指揮官の任命に際しては、それぞれの戦況の流れの中で**戦機（勢）**を捕え、活用できる能力のある者を選ぶ。

故《ゆえ》に、能《よ》く人を択《えら》びて、勢《せい》に任ず。

［故能択人而任勢］

▽本項は、部下将兵の適材適所の人的戦力の活用を説くものである。**人を択びて**▼各人の長所短所をよく鑑別して、その戦況に最も適応できる能力のある人材を発掘し活用する。

(23) 戦場の流れの中で**戦機（勢）**を捕え巧《たく》みに活用する者は、部下を木や石を転がすように戦わせる。木や石というものは、安定した大地の上では静止しているが、不安定な地形の上では動く性質を持っている。また、四角であれば止まり、丸ければ転がるものである。

勢《せい》に任ずる者の、其《そ》の人を戦わしむるや、木《ぼく》石《せき》を転ずるが如《ごと》し。木石の性《せい》たる、安ければ則《すなわ》ち静かに、危《あやう》ければ則ち動き、方《ほう》なれば則ち止《とど》まり、円なれば則ち行く。

「任勢者、其戦人也、如転木石。木石之性、安則静、危則動、法則止、円則行」

**勢に任ずる**▼戦況の変化を自らに有利に、敵に不利になるように活用する指揮官。

(24) したがって名将は、山頂から落下する円い岩石のような**勢い**で軍隊を戦わせる。それは、個々の部隊・兵種の性格・機能を、戦況に応じて巧《たく》みに統合・発揮させるからである。

故《ゆえ》に、善《よ》く人を戦わしむるの勢い、円石を千《せん》仭《じん》の山に転《てん》ずるが如き者は、勢《せい》なり。

［故善戦人之勢、如転円石於千仭之山者、勢也］

# 第六章

# 虚実篇

- 本旨
  - (2)致人而不致於人
    - (1)先処戦地待敵者**佚**
    - (1)後処戦地趨敵者**労**
    - (3)能使敵自至(不得至)者**利**(**害**)之也
    - (4)**佚**能**労**之、**飽**能**饑**之、**安**能**動**之
- 虚実戦術
  - 先制
    - (5)出其所必趨、趨其所**不意**
  - 行軍
    - (6)行千里而不労者、行於**無人之地**也
  - 攻撃
    - (7)攻必取者、攻其所**不守**也
    - (8)敵不知其所**守**
  - 防御
    - (7)守必固者、守其所**不攻**也
    - (8)敵不知其所**攻**
  - 追撃
    - (10)進而不可禦者、衝其**虚**也
  - 退却
    - (10)退而不可追者、**速**不可及也
  - 結論
    - (11)我欲戦、敵高塁深溝、不得不戦、攻其**必救**
    - (12)我不欲戦、雖画地而守、敵不得戦者、**乖**其所之
  - (9)微乎**無形**、神乎**無声**
- 兵力配備
  - (13)形人而我**無形**
  - (13)**吾専而敵分**
  - 以十攻其一也、吾之所与戦者約矣

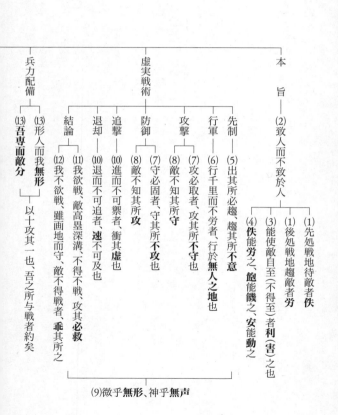

## 「第六章　虚実篇」の体系表

**相対戦闘力優越の創出**

- 戦場選定
  - (14)我所与**戦之地不可知**、不可知、則敵所備者多
  - (15)備前(後)則後(前)
  - (15)備左(右)則右(左)
    - 寡、無所不備、無所不寡
  - (16)**寡**者備人也。**衆**者使人備己也
- 戦場戦機の解明
  - (17)知**戦之地**(空間)
  - (17)知**戦之日**(時間)
    - 可千里而会戦
  - (17)不知戦地
  - (17)不知戦日
    - 前後左右不能相救、何況数(十)里乎
- 戦略戦術の卓越
  - (18)越人之兵雖多、奚益於勝哉
  - (19)勝可為、敵雖衆可使無闘
- 敵情捜索
  - (20)**策**之而知**得失之計**
  - (21)**作**之而知**動静之理**
  - (22)**形**之而知**死生之地**
  - (23)**角**之而知**有余不足**
- 無形の効用
  - (24)形兵之極、至於**無形**。深間不能窺、智者不能謀
  - (25)因**形**錯勝、衆不能知。人知勝**形**、莫知所以勝之**形**
  - (26)戦勝不復、応形**無窮**
- 結言
  - (27)**兵形象水**
    - 水避高趨下
    - 兵**避実撃虚**
    - (28)因地制流
    - (28)**因敵**制勝
    - (29)**無常形**
    - (29)**無常勢**
      - (30)**因敵変化**、謂之神
  - (31)五行(四時)無常勝(常位)、日(月)有短長(死生)

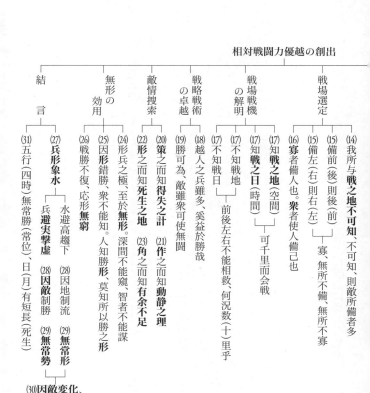

# 一　人を致して人に致されず

(1) 戦闘においては、**戦場を支配する要点**を先に占領して敵を待つ者が有利となる。敵が待ち構えている戦場に遅れて到着し、あたふたと戦闘に突入していく者は、その段階で戦力的に不利なのである。

孫子曰《いわ》く。凡《およ》そ、先に戦地に処《お》りて、敵を待つ者は佚《いっ》し、後《おく》れて戦地に処りて、戦いに趨《はし》る者は労《ろう》す。

［孫子曰、凡先処戦地、而待敵者佚、後処戦地、而趨戦者労］

▽「常に先手をとれ！」と、先制主動の重要性を説く。**佚▼**楽であること。楽であれば身方は実となり虚にはならない。**労▼**辛苦が多く不利な態勢。

(2) したがって、戦いの機微を知る名将は、**自らが選んだ戦場**に有力な敵部隊を引き寄せはするが、自らは敵に誘い込まれるようなことはない。

故《ゆえ》に、善《よ》く戦う者は、人を致《いた》して人に致されず。

［故善戦者、致人而不致於人］

人を致して▼自分が主動権を獲って、敵を己《おのれ》のペースに誘い込む。

(3)　敵を自分の思い通りに動かすことができるのは、敵に利益を与えるからである。敵が自らの思惑どおりに進出できないようにさせるのは、敵の戦力の削減・妨害を図るからである。

能《よ》く敵人をして自ら至らしむる者は、之《これ》を利すればなり。能く敵人をして至るを得ざらしむる者は、之を害すればなり。

［能使敵人自至者、利之也。能使敵人不得至者、害之也］

**自ら致らしむる者**▼敵の方から進んで自軍の思うツボになるようにやって来させる。**之を利すれば**▼敵が喰いつきそうな利益を与えて誘う。

(4) 敵が有利な立場（**主動的地位**）にいる時は、それを切り崩し、敵の戦力を低下させることに努めよ。給養十分な敵に対しては補給を断て。休息している敵には、対応行動を余儀なくさせよ。

故《ゆえ》に、敵、佚《いつ》すれば能《よ》く之《これ》を労《ろう》し、飽《あ》けば能く之を饑《う》えしめ、安んずれば能く之を動かす。

［故敵佚能労之、飽能饑之、安能動之］

**飽けば能く之を饑えしめ**▼糧食が十分足りている敵に対しては、補給を遮断すること。いわゆる兵糧《ひょうろう》攻めにする。**安んずれば**▼敵が十分な休養をとって安定している。

(5) 敵が進出せざるを得ない**戦場の要点**は、先回りして奪取せよ。敵が予期していない戦場の要点は、速やかに急襲せよ。

其《そ》の必ず趨《おもむ》く所に出《い》で、其の意《おも》わざる所に趨く。

［出其所必趨、趨其所不意］

**其の必ず趨く所**▼敵が必ず進出しなければならない、戦場を支配する要点（緊要地形）。

## 二　虚実戦術とは非対称戦術のことか

(6)　千里の道を行軍しても疲れないのは、**敵の抵抗力が薄弱な接近経路**を活用するからである。

千里を行きて労《ろう》せざる者は、無人の地を行けばなり。

［行千里而不労者、行於無人之地也］

**無人の地**▼敵戦力の配備不十分な緊要地形あるいは接近経路。

(7)　攻撃した要点を必ず奪取できるのは、**敵が防御していない要点**を攻めるからである。守っている場所を確実に保持できるのは、**敵が攻撃しない要点**を守るからである。

攻めて必ず取る者は、其《そ》の守らざる所を攻む ―

**守らざる所**▼敵がこちらの攻勢を予想せず、防御していない

ればなり。守りて必ず固き者は、其の攻めざる所を守ればなり。

［攻而必取者、攻其所不守也。守而必固者、守其所不攻也］

(8) したがって、攻撃に巧《たく》みな我が軍に対すると、敵はどこを守ればよいのかが判らない。防御に巧みな我が軍に対すると、敵はどこを攻撃したらよいかが判らなくなる。

故《ゆえ》に、善《よ》く攻むる者は、敵、其《そ》の守る所を知らず。善く守る者は、敵、其の攻むる所を知らず。

［故善攻者、敵不知其所守。善守者、敵不知其所攻］

か、防御が脆弱な地形・地域、あるいは防御が容易でない地形・地域。**攻めざる所**▼難攻不落の防御に有利な地形・地域、あるいは敵が攻撃すれば、兵力が分離・分散の弊に陥らざるを得ないような攻撃困難な不利な地形・地域。

(9) 以上述べてきたように、名将は、常に戦況の推移を先見・洞察し、その動きをいまだ常人の捉えることのない機微において捉え、**用兵は時と場に応じて奇正《きせい》・虚実と常に変化**させ、同じ戦術・戦法はとらない。
また、名将の軍の行動は、常に情況に即応したものであるため、外部から意図を察知されず、敵につけ入られず、対応策を講じられることもない。だから、名将たる者は戦場を支配し、敵の命運を自在に操ることができるのである。

微《び》なるかな微なるかな、無形に至る。神《しん》なるかな、神なるかな、無声に至る。故《ゆえ》に能《よ》く敵の司命《しめい》を為《な》す。

「微乎微乎、至於無形。神乎神乎、至於無声。
故能為敵之司命」

---

**微なるかな**▼敵の動きを常人が捉えることのできない機微の段階で捉えること。**無形**▼用法を形式化しないこと。**神なるかな**▼用兵が常に状況の特質に即応して神業のようであること。**無声**▼我が意図を敵に聴覚的に察知されることのないように、対応すること。**司命**▼生殺与奪の権を掌握する。つまり、敵の命運を自在に操作すること。

## 三　がっぷり四つの相撲はするな

⑽　敵が我が軍の進撃に抵抗できないのは、弱点を衝《つ》くからである。敵が我が軍の後退に追いつけないのは、迅速で捕捉が不可能だからである。

進みて禦《ふせ》ぐべからざる者は、其《そ》の虚を衝《つ》けばなり。退《の》きて追うべからざる者は、速やかにして及ぶべからざればなり。

［進而不可禦者、衝其虚也。退而不可追者、速而不可及也］

⑾　我が軍が一戦を交えたいと思えば、たとえ敵軍が高い城壁と深い堀で防御に専念しようとしても、出撃せざるを得なくなるように仕向ける。それは、敵が救援に赴《おもむ》かざるを得ない

**要点**を我が軍が攻撃するからである。

故《ゆえ》に、我れ戦わんと欲《ほっ》すれば、敵、塁《るい》を高くし溝《みぞ》を深くすると雖《いえど》も、我れと戦わざるを得ざる者は、其《そ》の必ず救う所を攻むればなり。

［故我欲戦、敵雖高塁深溝、不得不与我戦者、攻其所必救也］

⑿　我が軍が戦闘を避けたいと思えば、たとえ地上に線を引いただけの陣地であっても、防御が可能となる。そこを攻撃すれば、敵はその目標とする攻撃方向から、それてしまうからである。

我れ戦いを欲《ほっ》せざれば、地を画《かく》して之《これ》を守ると雖《いえど》も、敵の我と戦うを得ざる者は、其《そ》の之《ゆ》く所に乖《そむ》けばなり。

**必ず救う所**▼敵が防衛の利を一時的に放棄してでも救援のために出撃せざるを得ない要点。

**地を画し**▼地上に線を引いただけの防御陣地。**其の之く所に乖けば**▼敵の前進方向を誤らせる。

［我不欲戦、雖画地而守之、敵不得与我戦者、乖其所之也］

## 四　戦場の選定と戦機を先見洞察せよ

⒀　我が軍の兵力配置を完全に秘密にして、敵軍を我が軍の思うように展開させることができれば――敵の兵力展開の状況が浮き彫りになれば――我が軍は企図する**時機・場所に兵力を集中**できる。一方、敵は多方面に兵力を分散配備せざるを得なくなる。敵の兵力は分散し、我が軍は**主動的に狙った時機・場所に兵力を集中**できるので、総力を挙げて敵の一部を攻撃できる。つまり、我が軍は**企図する時機・場所で相対的な戦力の優越**を期することができるのである。

したがって、もしも我が軍が、**自ら選んだ戦場**で、弱小の敵戦力を大戦力で攻撃できるのであれば、我が軍と対戦する敵は完膚《かんぷ》なきまで各個撃破されるであろう。

故《ゆえ》に、人を形して我れに形無ければ、則ち、我れは専《もっぱ》らにして敵は分《わ》かる。我れは専らにして一と為《な》り、敵は分かれて十と為らば、是《こ》れ、十を以《もっ》て其《そ》の一を攻むるなり。則《すなわ》ち、我れは衆《おお》くして敵は寡《すくな》し。能《よ》く衆《しゅう》を以て寡《か》を撃《う》てば、吾《わ》れの与《とも》に戦う所の者は約なり。

［故形人而我無形、則我専而敵分。我専為一、敵分為十、是以十攻其一也。則我衆而敵寡。能以衆撃寡、則吾之所与戦者約矣］

**人を形して**▼敵の動向を把握して。**我れに形無ければ**▼我が軍の行動・態勢を秘匿・欺騙《ぎへん》し、敵に誤認させること。**専らにして**▼我は戦力を結集し。**分かる**▼敵には戦力分散を強要し。**衆くして**▼戦力が多大。**寡し**▼戦力が弱小。**約なり**▼弱小勢力である。

⒁　我が軍が**決戦を企図する戦場**を、敵に知られてはならない。決戦の場を解明できなければ、敵は多くの要点に兵力を備えざるを得なくなる。敵が多方面に兵力を分散配備すれば、我が軍が決戦を企図する方面に配備される敵兵力は、相対的に少勢になる。

吾《わ》れの与《とも》に戦う所の地を知るべからず。知るべからざれば、則《すなわ》ち敵の備《そな》うる所の者は多し。敵の備うる所の者の多ければ、則ち吾れの与に戦う所の者は寡《すくな》し。

［吾所与戦之地不可知。不可知、則敵所備者多。敵所備者多、則吾所与戦者寡矣］

⒂ したがって、敵は、前方（前衛）に備えようとすれば後方（後衛）が弱くなり、後方（後衛）に重点を移せば前方（前衛）が手薄となる。左翼を強化すれば右翼が弱点となり、右翼を補強すれば左翼が戦力不足になる。したがって全方面に備えようとすれば、すべての個所に弱点が形成される。

故《ゆえ》に、前に備《そな》うれば則《すなわ》ち後《うし》ろ寡《すくな》く、後ろに備うれば則ち前寡く、左に備うれば則ち右寡く、右に備うれば則ち左寡く、備えざる所無《な》

---

**吾れの与に戦う所**▼我が軍の相手となって戦う。

**備えざる所なければ**▼すべてに備えようとすれば。**寡かざる所無し**▼すべての個所が脆弱になる。

ければ則ち寡からざる所無し。

「故備前則後寡、備後則前寡、備左則右寡、備右則左寡、無所不備則無所不寡」

(16) 戦力を多方面に分散配備し、至る所に戦力不足が生じれば、**敵に対する態勢が受け身に**なってしまう。一方、優勢な戦力を狙った時機・場所に自由に集中できれば、**敵に受け身を余儀なくさせる**ことができる。

寡《すくな》き者は、人に備《そな》うる者なり。衆《おお》き者は、人をして己《おのれ》に備え使《し》むる者なり。

「寡者備人者也。衆者使人備己者也」

(17) したがって、**決戦すべき戦場と時機を事前に洞察**できれば、千里も先の遠隔の戦場に、

**寡き者**▼戦力が弱小な側。**衆き者**▼戦力が強大な側。

戦力を集中させることも可能である。

しかし、**決戦の戦場と時機を事前に判断できなければ**、敵軍に主動権を握られて、左翼は右翼を、右翼は左翼を相互に掩護できず、第一線（前衛）は後方（後衛）を、また後方は第一線を、相互に掩護することが不可能となる。このようなていたらくであれば、身方の各部隊が千里といわず数十里四方に展開している場合でも、否《いな》、たとえそれがたった数里四方であっても、支離滅裂の状態となることは避けられない。

故《ゆえ》に、戦いの地を知り、戦いの日を知らば、則《すなわ》ち、千里にして会戦すべし。戦いの地を知らず戦いの日を知らざれば、則ち、左は右を救う能《あた》わず、右は左を救う能わず、前は後ろを救う能わず、後ろは前を救う能わず、而《しか》るを況《いわ》んや、遠き者は数十里、近き者も数里なるをや。

［故知戦之地、知戦之日、則可千里而会戦。不知戦地、不知戦日、則左不能救右、右不能救

**戦いの地**▼戦場。**戦いの日**▼戦いの時期。

左、前不能救後、後不能救前、而況遠者数十里、近者数里乎」

(18) 現在、越《えつ》軍の戦力は我が軍よりも優勢と見積もられているが、我が軍の対応策が卓越し、**越軍は受け身になり**、我が軍は**主動的な地位**にある。越軍が、戦力の優勢を活かして勝利することはできない。

吾《われ》を以《もっ》て之《これ》を度《はか》るに、越人の兵は多しと雖《いえど》も、亦《また》、奚《なん》ぞ勝《かち》に益あらんや。

「以吾度之、越人之兵雖多、亦奚益於勝哉」

▽本項は、孫武が呉《ご》王に対し、対越武力戦について意見具申する場面である。**越人の兵**▼孫武は呉国の立場に立って仮想敵国越国を念頭に置いていた。**奚ぞ勝に益あらん**▼戦略を知らないこと。

(19) **勝利は創造すべき**ものである。たとえ、敵が相対的に戦力強大であるとしても、我が軍の方策の卓越により、敵の優勢な戦力を撃破することは可能である。

故《ゆえ》に曰《いわ》く、勝《かち》は為《な》すべきなり。敵、衆《おお》しと雖《いえど》も、闘うこと無からしむべし。

［故曰、勝可為也。敵雖衆可使無闘］

**勝は為すべし**▼勝利は創造すべきである。

# 五　敵情捜索特に威力偵察を周到に実施せよ

(20) **敵の企図**を見抜ければ、作戦・戦術の特質を解明できる。

故《ゆえ》に、之《これ》を策《はか》りて得失の計を知る。

［故策之而知得失之計］

**之を策り**▼敵の企図を見破る。

(21) 我が軍の**偵察**への**敵**の**反応**から、敵の作戦・戦術の特質を解明できる。

之《これ》を作《おこ》して動静の理を知る。

［作之而知動静之理］

**之を作して**▼偵察により。**動静の理**▼敵の作戦の意図、作戦・戦術の慣用戦法。

(22) **我が軍の戦闘態勢を敵に偵察させ認知させ、敵軍を不利な戦場に誘い込む。**

之《これ》を形《あらわ》して、死生の地を知る。

［形之而知死生之地］

**之を形して**▼我が軍の兵力配備、戦闘態勢。**死**▼死地、すなわち、戦術的に敗北しやすい土地。**生**▼生地、すなわち、戦術的に勝利しやすい土地。

(23) **偵察を行え。そして、敵の主力の所在、弱点を解明せよ。**

之《これ》に角《ふ》れて、有余不足《ゆうよふそく》の処《ところ》を知る。

［角之而知有余不足之処］

## 六　定形化を避け、敵情に即応した臨機応変の指揮運用を

(24)　兵力配備の秘訣は、我が軍の企図が（どこにあるか）明確に判定できない、**無形の柔軟な戦闘態勢**をとることにある。このようにすれば、鋭敏な情報収集力をもった敵の偵察員への秘密の漏洩といった事態も発生しない。敵の慧敏《けいびん》な指揮官といえども、対応の策を講じることは至難の業である。

故《ゆえ》に、兵を形《かたち》するの極《きわみ》は、無形に至る。無形ならば、則《すなわ》ち深間《しんかん》も窺《うかが》うこと能《あた》わず、智者も謀《はか》ること能わず。

［故形兵之極、至於無形。無形、則深間不能窺、智者不能謀］

---

**無形**▼我が軍の兵力配備・展開を、戦術的な一般原則や自らの慣用戦法にとらわれることなく、戦況の特質に即応させて、敵の偵察・情報活動を困難にさせる。**深間**▼縦深奥深く浸透してきた敵の斥候（間者）や特殊部隊。

(25) **敵の兵力配備に我が軍の兵力配備を即応させる臨機応変の指揮運用**により、配下の部隊にも、敵を撃破できる戦術戦法を授けることができるが、配下の将兵はその戦術戦法の実態を知ることはできない。したがって、敵身方ともに凡人には、我が軍が勝利した戦術戦法がわからない。我が軍の表面的な兵力配備はつかめても、自分達がどのようにして勝利したかという真因を解明できた者はいない。

形に因《よ》って勝《かち》を衆に錯《お》く、衆、知る能《あた》わず。人は皆、我れが勝つ所以《ゆえん》の形を知るも、吾《わ》れが勝を制する所以の形を知る莫《な》し。

［因形而錯勝於衆、衆不能知。人皆知我所以勝之形、而莫知吾所以制勝之形］

**形に因って**▼敵の兵力配備から、敵の意図を解明する。**勝所以の形**▼自軍が勝利した時の戦術戦法や態勢。

(26) したがって、私は二度と同じ手を用いることはしない。なぜならば、勝利というものは、**戦況の変化に応じて、戦法を縦横無尽に変化させて**いくところに求めていくべきものだからである。

故《ゆえ》に、その戦勝を復《ふた》びせず、而《しか》して、形を無窮《むきゅう》に応ぜしむ。

［故其戦勝不復、而応形於無窮］

▽本項は、過去に成功したのと同様の戦術戦法を二度と繰り返さない、という解釈とともに戦機捕捉の意義を重要視する解釈もある。**戦勝を復びせず**▼戦機は瞬時にして去るので、二度と訪れることはない。**無窮**▼縦横無尽に変化させる。

## 七　水には常形なく、兵に常勢なし

(27)　そもそも、軍隊の行動は**水**にたとえられる。**水の流れ**が、高い所を避けて低い所を突き進んでいくように、軍隊も、敵の抵抗の多い強い正面を避けて、隙のある弱い正面を攻撃する。

夫《そ》れ、兵の形は水に象《かたど》る。水の形は、高きを避けて下《ひく》きに趨《おもむ》く。兵の形は、実を避けて虚を撃《う》つ。

**象る**▼何か元になるものの形に似せる。

［夫兵形象水。水之形、避高而趨下。兵之形、避実而撃虚］

(28) **水が、地形の変化**に従って流れを変えていくように、軍隊も、**敵情に応じた行動**をとることにより勝利を達成する。

水は地に因《よ》って流れを制し、兵は敵に因って勝《かち》を制す。

［水因地而制流、兵因敵而制勝］

(29) したがって、水の流れに**一定の型がない**ように、武力戦のやり方にも一定の型はない。

故《ゆえ》に、兵には常勢無《な》く、水には常形無し。

**地に因って**▼土地の高低に従って。

**常勢**▼常形に同じ。一定の形式はない。

［故兵無常勢、水無常形］

(30) 敵の状況に応じて自らの**戦術戦法を変化**させ、勝利を獲得する手段方法を会得できる者は、神業と言えよう。

能《よ》く敵に因《よ》って変化し、而《しこう》して勝《かち》を取る者、之《これ》を神《しん》と謂《い》う。

［能因敵変化、而取勝者、謂之神］

神▼神業。

(31) したがって、「木は土に勝つが、金に負け、火は金に勝つが水に負け、土は水に勝つが木に負け、金は木に勝つが火に負け、水は火に勝つが土に負ける」という「五行」のように、**常勝はこの世の中には存在しない**。「四時《しいじ》」は春・夏・秋・冬と、常に移り変わり変化する。夏の日は長く、冬の日は短く、長短常に変化する。月は、日々満ち欠け変化する。

故《ゆえ》に、五行に常勝無《な》く、四時《しいじ》に常位無し。日に短長あり、月に死生あり。

［故五行無常勝、四時無常位。日有短長、月有死生］

---

▽本項は、軍事の世界にも常勝ということはあり得ず、常に敵によって変化して勝利を追求すべきことを、五行、四季、月日などにたとえて説く。**五行**▼「木・火・土・金・水」のこと。水は火に、火は金に、金は木に、土は水に勝ち、すべてに勝つものはなく、あらゆる物事・事象は常に変化するという中国思想の一つ。**四時に常位無し**▼四季は春夏秋冬と常に移り変わり変化する。**月に死生あり**▼月には満ち欠けがある。

# 第七章

# 軍争篇

- 先制主動の重要性
  - (1)
    - 将受命於君
    - 合軍聚衆
    - 交和而舎
    - → 莫難於軍争
      - (4) 軍争
        - 為利
        - 為危
- 先制主動獲得の要訣
  - (2)
    - 以迂為直
    - 以患為利
    - → (3) 迂其途 誘之以利
      - 後人発
      - 先人至
      - → 迂直之計
- 軍争の影響
  - 後方兵站
    - (5) 挙軍而争利、則不及
    - (8) 軍無輜重、糧食、委積、則亡
  - 機動
    - (6)
      - 巻甲而趨
      - 日夜不処
      - 倍道兼行
      - → 百里争利、擒三将軍、十一而至
    - (7)
      - 五十里而争利、則蹶上将軍、其法半至、
      - 三十里争利、三分之二至
  - 外交
    - (9) 不知諸侯之謀者不能預交
  - 地形
    - (10) 不知山林険阻、沮沢、不能行軍
  - 郷導
    - (11) 不用郷導者、不能得地利
- 原則
  - (12) 以詐立、以利動、以分合為変
  - (14) 掠郷分衆、廓地分利
  - (15) 懸権而動、先知迂直之計者勝。此軍争之法也

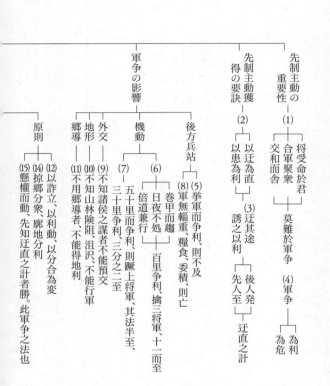

「第七章　軍争篇」の体系表

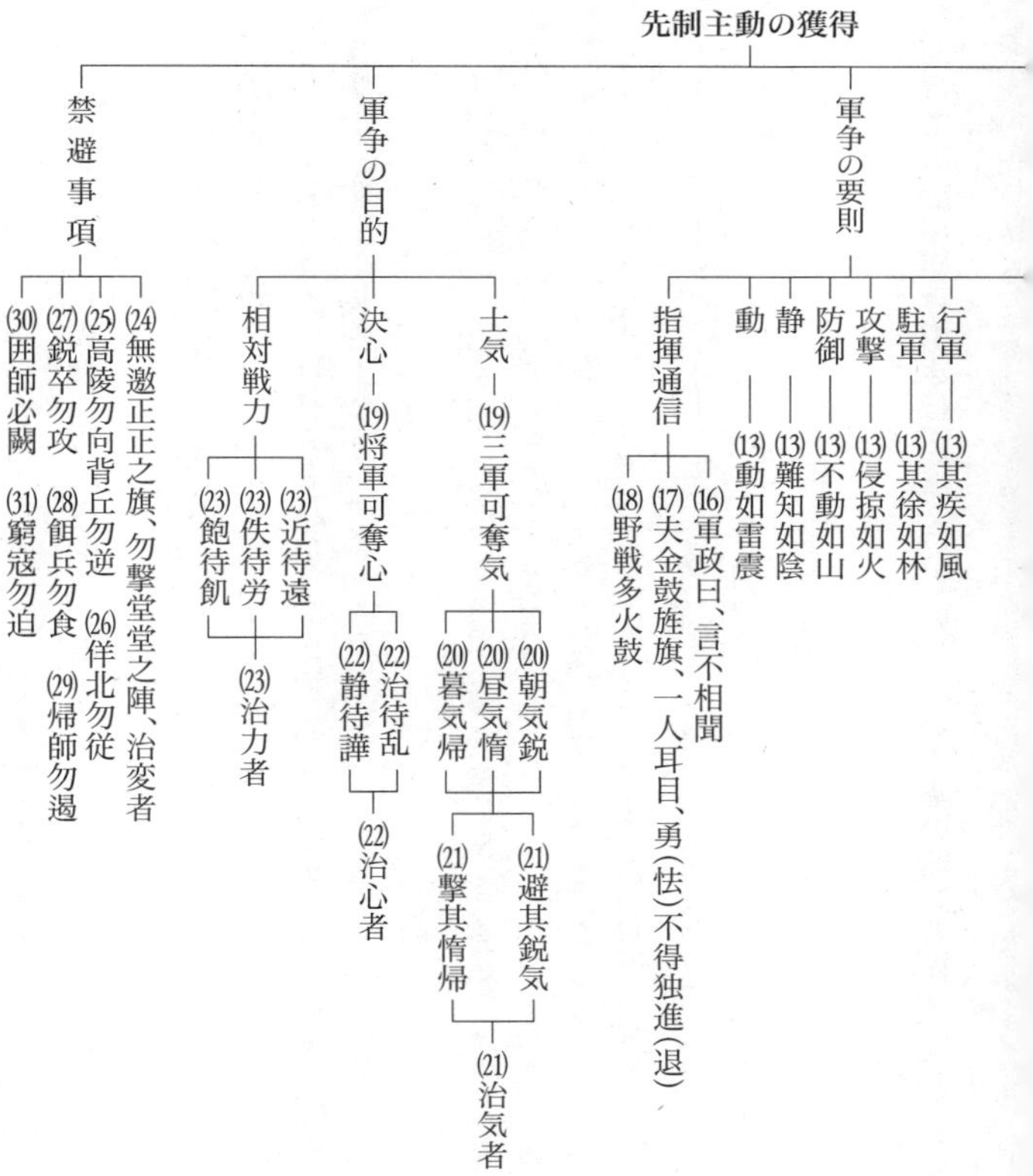
先制主動の獲得
軍争の要則
行軍
⒀其疾如風
駐軍
⒀其徐如林
攻撃
⒀侵掠如火
防御
⒀不動如山
静
⒀難知如陰
動
⒀動如雷震
指揮通信
⒃軍政曰、言不相聞
⒄夫金鼓旌旗、一人耳目、勇(怯)不得独進(退)
⒅野戦多火鼓
軍争の目的
士気
⒆三軍可奪気
⒇朝気鋭
⒇昼気惰
⒇暮気帰
㉑避其鋭気
㉑撃其惰帰
㉑治気者
決心
⒆将軍可奪心
㉒治待乱
㉒静待譁
㉒治心者
相対戦力
㉓近待遠
㉓佚待労
㉓飽待飢
㉓治力者
禁避事項
㉔無邀正正之旗、勿撃堂堂之陣、治変者
㉕高陵勿向背丘勿逆
㉖佯北勿従
㉗鋭卒勿攻
㉘餌兵勿食
㉙帰師勿遏
㉚囲師必闕
㉛窮寇勿迫

# 一 先制主動獲得には「迂直の計」

(1) 通常、武力を行使する場合、将軍はまず君主の命令を受けて、国民を動員し、兵を召集する。次いで、招集した兵士を均整のとれた部隊に編成し、確実に掌握する。**戦場における作戦・戦闘指導ほど難しい事業はない。**

孫子曰《いわ》く、凡《およ》そ用兵の法、将、命《めい》を君《きみ》に受けて、軍を合わせ衆を聚《あつ》め、和を交えて舎するに、軍争より難《かた》きは莫《な》し。

［孫子曰、凡用兵之法、将受命於君、合軍聚衆、交和而舎、莫難於軍争］

**軍を合わせ**▼軍隊を集める。**衆を聚め**▼国民を徴兵する。**和を交え**▼「和」は駐屯地の営門のこと。兵団を編成する、軍隊の士気・団結・規律を強化する、という意味もある。**軍争**▼戦場における作戦・戦闘指導。主動権の争奪、機先を制する争い、先制の利を得るための戦場における駆け引き。▽本項前半は、九変篇(1)項に同じ。

(2) **戦場における戦闘の駆け引きほど難しいものはない。**その難しさは、迂回行動をもって近道とし、迂回に伴う危険を克服して自軍の有利な態勢に変えていくことにある。

軍争の難《かた》きは、迂《う》を以《もっ》て直《ちょく》と為《な》し、患《うれい》を以て利と為すにあり。

「軍争之難者、以迂為直、以患為利」

**迂**▼回り道。転じて間接戦略(indirect)。**直**▼近道。転じて直接戦略(direct)。**患**▼禍、不運、危機、危険。

(3) したがって迂回行動をとるにあたっては、自軍の迂回経路をくらまし、敵を他の経路に引き付け、その進出を牽制・妨害せよ。こうすれば、敵に遅れて出発しても、先に到着することができるであろう。このような行動をとる者は、**直接戦略**と**間接戦略**のいずれをも理解していなければならない。

故《ゆえ》に、其《そ》の途《みち》を迂《う》にして、之《これ》を誘うに利を以《もっ》てす。人に後《おく》れて発し、人に先んじて至る。此《こ》れ、迂直《うちょく》の計を知る者なり。

**途**▼経路。**迂直の計**▼直接戦略と間接戦略の統合的な配合戦略。

［故迂其途、而誘之以利。後人発、先人至。此知迂直之計者也］

(4) そもそも、戦場における先制主動の争奪においては、**利益と危険が常に表裏一体**の関係にある。

故《ゆえ》に、軍争を利と為《な》し、軍争を危と為す。

［故軍争為利、軍争為危］

(5) **先制主動の利を獲得しようとして**、軍の総力を残らず投入しても、目的が達成できない場合もある。そこで、後方兵站《へいたん》部隊を残し、身軽な戦闘部隊だけで先制主動の争奪に専念すれば、後方兵站部隊を失うこととなる。

軍を挙《あ》げて利を争えば、則《すなわ》ち及ばず。軍を委《す》

**軍を挙げて利を争えば**▼軍が残らず全力をもって先制主動の

てて利を争えば、則ち輜重《しちょう》捐《す》てらる。

［挙軍而争利、則不及。委軍而争利、則輜重捐］

⑹　武具を脱いで軽装になり、昼夜休まず、百里の道を二倍の速度で、先制を争って強行軍をすれば、（前衛・本隊・後衛の）三人の指揮官のいずれもが捕虜となるであろう。なぜならば、健兵は到着するが、弱兵は落伍《らくご》するからである。つまり、このような強行軍をとるならば、目標地点に到着する兵力はわずか十分の一になってしまう。

是《そ》の故《ゆえ》に、甲を巻いて趨《はし》り、日夜処《お》らず、道を倍《ばい》して兼行《けんこう》し、百里にして利を争えば、則《すなわ》ち三将軍を擒《とりこ》にせらる。勁《つよ》き者は先だち、疲《つか》るる者は後《おく》る。其《そ》の法、十一（若《も》しくは、十の一）にして至る。

---

利を獲得しようとすれば。**軍を委てて**▼次に続く「輜重」との関係から、後方兵站部隊を残し、配下の戦闘部隊を勝手に行動させる。**輜重**▼後方兵站部隊。**捐てらる**▼置き去りを喰らう。

**甲を巻いて**▼「甲」は鎧。当時は牛馬の革製の鎧だったので、強行軍の時は、身軽になるため脱いで巻き上げて携行した。**趨り**▼強行軍。**日夜処らず**▼休憩することなく。**道を倍して**▼通常行軍で二日の距離を一日で強行軍する。**擒**▼捕虜になる。**三将軍**▼行軍に際して編成される前衛・本隊・後衛の各梯隊《ていたい》指揮官。**勁き者**▼身体強健な精兵。**疲るる者**▼弱卒、

「是故、巻甲而趨、日夜不処、倍道兼行、百里而争利、則擒三将軍。勁者先、疲者後。其法十一而至」

(7) 五十里であれば前衛部隊の指揮官は倒され、わずか半分の兵力がたどり着くにすぎない。三十里であっても、到着する兵力は三分の二にすぎないであろう。

五十里にして利を争えば、則《すなわ》ち上将軍を蹶《くじ》かれ、其《そ》の法、半《なか》ば至る。三十里にして利を争えば、則ち三分の二至る。

「五十里而争利、則蹶上将軍、其法半至。三十里而争利、則三分之二至」

(8) それゆえ、**後方兵站《へいたん》部隊、糧食《りょうしょく》、軍需品がなければ、軍は自壊する。**

---

老兵、あるいは健康を損ねた将兵。**十一**▼十分の一。

**蹶かれ**▼「蹶」は挫《くじ》かれるの意で、攻撃前進が挫折する。**上将軍**▼前衛の梯隊《ていたい》指揮官。**半ば**▼現有兵力の半数。**三十里**▼当時の通常の行軍の場合の、およそ一日行程に相当する。したがって、文頭の「五十里」は強行軍になる。

是《そ》の故《ゆえ》に、軍に輜重《しちょう》無ければ則《すなわ》ち亡ぶ。糧食《りょうしょく》無ければ則ち亡ぶ。委積《いし》無ければ則ち亡ぶ。

［是故、軍無輜重則亡、無糧食則亡、無委積則亡］

## 二　周辺諸国の謀略活動には細心の留意を！

(9)　したがって、**周辺諸国**の最高政治指導者たちの、我が国に対する**外交政策**の実態を解明しなければ、事前に折衝することはできない。

諸侯の謀《はかりごと》を知らざる者は、予《あらかじ》め交わること能《あた》わず。

---

**輜重**▼補給輸送部隊。**委積**▼「委」は積載、「積」は備蓄という意味から軍需資器材の推進補給。

▽本篇(9)〜(11)項について金谷治は、「九地篇(51)項にも重複して見え、ここでは前後と続かず、また篇旨とも関係がないから、九地篇の錯簡かと思われる」と註している。**諸侯の謀**▼

［是故不知諸侯之謀者、不能豫交］

周辺諸国の最高指導者の大戦略の変懇、特に自国に対する外交政策の変質の実態。

⑽　地理的条件（山岳・森林・危険な隘路《あいろ》・低湿地帯・沼地）に伴う戦術的特性を知らない者は、軍隊の機動・行軍を指揮できない。

山林・険阻《けんそ》・沮沢《そたく》の形を知らざる者は、軍を行《や》る能《あた》わず。

［不知山林険阻沮沢之形者、不能行軍］

**険阻**▼険しくて交通を阻害する地形。**沮沢**▼沼や沢。低湿地帯。**形**▼地形的・地域的な特性。

⑾　土地の実情を熟知した**道案内人**を用いない者は、地の利を活用することができない。

郷導《きょうどう》を用いざる者は、地の利を得ること能《あた》わず。

**郷導**▼現地の道案内者。用間篇⑺項を参照。

［不用郷導者、不能得地利］

⑿　したがって武力戦においては、自軍の企図や行動を秘匿欺騙《ひとくきへん》し、**有利な戦機を捕え**、戦況の変化に即応して兵力の**集中（合撃）**と**分散（分進）**を臨機応変に適切に行わなければならない。

故《ゆえ》に、兵は詐《さ》を以《もっ》て立ち、利を以て動き、分合《ふんごう》を以て変《へん》を為《な》す者なり。

［故兵以詐立、以利動、以分合為変者也］

**詐**▼始計篇⒂項でいう「兵とは、詭道なり」の意で、企図行動の秘匿欺騙。**分合**▼兵力の集中と分散。**変**▼勢篇⑾項でいう「奇正の変」の意。

⒀　したがって軍は、戦闘時の機動は疾風のように敏速であれ。正々粛々と前進する時は森林が茂るように徐《しづか》であれ。敵を攻撃する時は火のようであれ。待機する時は山嶽《さんがく》のようであれ。企図や行動の秘匿欺騙《ひとくきへん》は漆黒の闇夜のようであれ。攻撃の発動は稲妻のように瞬発的に

実施しなければならない。

故《ゆえ》に、其《そ》の疾《はや》きこと風の如《ごと》く、其の徐《おもむろ》なること林の如く、侵掠《しんりゃく》すること火の如く、動かざること山の如く、知り難《がた》きことは陰《かげ》の如く、動くことは雷震《らいしん》の如し。

［故其疾如風、其徐如林、侵掠如火、不動如山、難知如陰、動如雷震］

⒁ 村落を攻略する場合は、**敵の戦力を分断**せよ。敵国を攻略する場合は、敵の**利点を分断**せよ。

郷《きょう》を掠《かす》むるには衆《しゅう》を分《わ》かち、地を廓《ひろ》むるには利を分かつ。

---

**陰**▼企図や行動が真っ暗闇の中のようにわからない。**雷震**▼稲妻、雷鳴。

**郷を掠むるには衆を分かち**▼敵国領地での物資の徴発に際しては、指揮下部隊を区署して分権的に実施させる。つまり、虚実篇⒀項にいう「分かれて十と為《な》ら」しむための方略。**地**

「掠郷分衆、廓地分利」

⒂　いずれの場合においても軍隊は、**戦場の利害得失を比較考量して行動せよ。直接的戦法（正）と間接的戦法（奇）**の本質を知り、これらを臨機応変に使い分け運用する者は勝利する。「**迂直《うちょく》の計**」こそが、作戦・戦闘指導の秘訣である。

権《けん》を懸《か》けて動く。まず迂直《うちょく》の計を知る者は勝つ。此《こ》れ、軍争《ぐんそう》の法なり。

「懸権而動。先知迂直之計者勝。此軍争之法也」

**を廓むるには利を分かつ**▼敵国占領地の拡大に際しては、占領地を支配する各要点を指揮下部隊に分割区署して、占領地の安定化を分担させる。本篇⑿項の「分合《ふんごう》を以《もつ》て変《へん》を為《な》す」の方略の一つ。

**権**▼始計篇⒁項の「勢とは、利に因《よ》って権を制するなり」にいう、物事の均衡点がある所を量的に求める錘《おもり》のこと。**軍争の法**▼戦場・占領地における作戦・戦闘指導の秘訣。

## 三　指揮・通信・連絡手段の整備確立を！

⒃　古くから伝わる兵法書に、「戦場においては、人の声は**聞こえない**。したがって、鐘や太鼓を用いる。戦闘の渦中《かちゆう》にあっては、部隊の動きはお互いにはっきりと**見えなく**なる。したがって、旗や幟《のぼり》を用いる」とある。

軍政に曰《いわ》く、言うも相聞《あいき》こえず、故《ゆえ》に金鼓《きんこ》を為《つく》る。視《み》るも相見えず、故に旌旗《せいき》を為る。

［軍政曰、言不相聞、故為金鼓。視不相見、故為旌旗］

⒄　すなわち、鐘や太鼓・旗や幟《のぼり》は、**将兵の注意を一点に集中**させるために用いる。この聴覚的・視覚的な手段・方法で部隊を統一したならば、臆病な兵の後退も、勇敢な兵の猪突猛

---

**軍政**▼「政」は法の意で、春秋時代に既に存在していた兵法書。**金鼓**▼鐘や太鼓。いずれも戦場における聴覚的な指揮・統制・通信・連絡の手段。**旌旗**▼旗や幟《のぼり》。「金鼓旌旗」いずれも戦場における指揮・通信・連絡・統制の視覚的な手段。

進も、不可能となる。これは、**軍隊統率の本質**ともいうべきものである。

夫《そ》れ、金鼓《きんこ》・旌旗《せいき》は、人の耳目《じもく》を一にする所以《ゆえん》なり。人、既に専一なれば、則《すなわ》ち勇者も独《ひと》り進むを得ず、怯者《きょうしゃ》も独り退《の》くを得ず。此《こ》れ、衆《しゅう》を用うるの法なり。

「夫金鼓旌旗者、所以一人之耳目也。人既専一、則勇者不得独進、怯者不得独退。此用衆之法也」

(18) 夜間の戦闘においては多数の松明《たいまつ》や太鼓《たいこ》を、昼間の戦闘においては多数の旗や幟《のぼり》を用い、我が**将兵の耳目（注意）**を集め、**指揮命令の徹底**を期する。

故《ゆえ》に、夜戦《やせん》には火鼓《かこ》を多くし、昼戦《ちゅうせん》には旌《せい》旗《き》を多くす。人の耳目を変ずる所以《ゆえん》なり。

---

**一人の耳目**▼配下の将兵に対する命令指示の徹底を図る。**専一**▼指揮統制の一本化。**衆を用うるの法**▼部隊の指揮揮用の秘訣。

**人の耳目を変ずる**▼昼と夜で変化する人の耳目の機能の変化に応じた（指揮・通信・連絡・統制の手段を採用すべきであ

［故夜戦多火鼓、昼戦多旌旗。所以変人之耳目也］

⒆ところで、敵将兵の**士気**を**低下**させ、敵の指揮官の**心理的弱点**を**拡大**させることが大事である。

故《ゆえ》に、三軍は気を奪うべく、将軍は心を奪うべし。

［故三軍可奪気、将軍可奪心］

⒇一般に作戦・戦闘の初期段階では将兵の**士気**は**意気軒高**だが、次第に**惰性**に**陥**《おちい》り、長期化すれば**低下**する。

---

る）。

---

**故**▼⒃〜⒅項以降を受けて、「故に」と。従来は、形勢上の虚実を論じてきたが、金鼓や旌旗《せいき》のような指揮・通信・連絡・統制の手段の整備によって、戦闘の間といえども、配下の部隊を手足のように運用することが可能になった。**気**▼士気。**心**▼心理的弱点。

是《そ》の故《ゆえ》に、朝気《き》は鋭く、昼気は惰《だ》、暮《ぼ》気は帰《き》なり。

［是故、朝気鋭、昼気惰、暮気帰］

**朝気**▼出陣の意気軒高な様。**昼気**▼作戦・戦闘半ばの怠惰な様。**惰**▼怠る。**暮気**▼作戦の長期化による士気低下の様。**帰**▼休息、終了。

(21)　したがって名将は、敵の戦意が旺盛な時は避け、敵の士気が弛《ゆる》み、あるいは望郷の念にかられた時を、**攻撃の時機**として選ぶ。このような指揮官は、**敵の心理的要素を活用**する者といえる。

故《ゆえ》に、善《よ》く兵を用うる者は、その鋭気を避け、その惰《だ》・帰《き》を撃《う》つ。此《こ》れ、気を治《おさ》むる者なり。

［故善用兵者、避其鋭気、撃其惰帰。此治気者也］

**気を治むる**▼気力（moral factor）を支配する。

(22) 名将は、配下の部隊の団結・士気・規律を維持し、敵の乱れを待ち、平常心で敵の興奮を待つ。つまり、**敵の精神的・心理的要素を掌中**にして戦う。

治を以《もっ》て乱を待ち、静《せい》を以て譁《か》を待つ。此《こ》れ、心を治《おさ》むる者なり。

［以治待乱、以静待譁。此治心者也］

**乱**▼指揮・統率の混乱。**譁**▼「かまびすし」とも読む。人の和を失い喧騒擾乱の状態になる。**心**▼精神的要素（mental factor)。

(23) 戦場近くに布陣して、遠来の敵を待て。身方に休息を与えて、疲れ切った敵を待て。十分な給養を与えて、飢えた敵を待て。このような用兵を行う指揮官は、**物質的要素を掌中**にしている者といえる。

近きを以《もっ》て遠きを待ち、佚《いっ》を以て労《ろう》を待ち、飽《ほう》を以て飢《き》を待つ。此《こ》れ、力を治《おさ》むる者なり。

▽本項は、戦場との距離的な遠近を論じるものではなく、戦略的・戦術的に物心両面にわたる十分に周到な準備を整え、敵に対し有利な態勢で戦いに臨むべきことを示唆するものである。**佚**▼充実・安定。**飽**▼満腹。**力**▼物質的要素（physical

［以近待遠、以佚待労、以飽待飢。此治力者也］— factor)。

(24)　整然と旗幟を立てて進んでくる敵や、隊伍《たいご》堂々たる敵とは戦いを交えない。このような指揮官は、**戦機を自己の掌中に**治《おさ》めている者といえる。

正々《せいせい》の旗は邀《むか》うること無く、堂々の陣は撃《う》つこと勿《な》し。此《こ》れ、変を治《おさ》むる者なり。

［無邀正正之旗、勿撃堂堂之陣。此治変者也］

**邀うること無く**▼待ち受けても攻撃しない。**変を治むる者**▼戦機を見抜き掌握する。臨機応変の機略（factor of changing circumstances)。

## 四　戦場において回避すべき戦術行動

(25)　山岳や高地に陣する敵には、坂を登っての攻撃はなるべく避けるべきである。

故《ゆえ》に、用兵の法、高陵《こうりょう》には向かう勿《なか》れ、背《はい》丘《きゅう》には逆《さから》う勿れ。

［故用兵之法、高陵勿向、背丘勿逆］

**高陵**▼高い所。**背丘**▼丘を背後にする敵。

(26) 我が軍を誘い出し撃破しようとする**敵の後退に対する追撃**は軽々しく行ってはならない。

佯《いつわ》り北《に》ぐるには従う勿《なか》れ。

［佯北勿従］

**佯り北ぐる**▼計画的・組織的な後退行動。

(27) **敵の精鋭部隊**は、攻撃してはならない。

鋭卒《せいそつ》は攻むる勿《なか》れ。

**鋭卒**▼訓練精統な敵部隊。

「鋭卒勿攻」

(28)
**囮《おとり》部隊**には、喰いついてはならない。

餌《じ》兵《へい》は食《くら》う勿《なか》れ。

「餌兵勿食」

**餌兵**▼我が軍を誘い出すための囮部隊。

(29)
**帰心矢の如《ごと》き敵の後退**には、攻撃は慎重に行え。

帰《き》師《し》は遏《とど》むる勿《なか》れ。

「帰師勿遏」

**帰師**▼帰国、帰営する敵部隊。**遏むる**▼遮断する。

(30) 敵を包囲した場合は、「窮鼠《きゅうそ》猫を噛む」に遭わないように、必ず退路を一つ開けておけ。

囲師《いし》は必ず闕《か》く。

［囲師必闕］

囲師▼敵部隊を包囲する。闕く▼退路を開ける。

(31) 窮地に陥った敵は、深追いしてはならない。

窮寇《きゅうこう》には迫《せま》る勿《なか》れ。

［窮寇勿迫］

窮寇▼追い詰められて苦境にある敵部隊。

(32) 以上が、戦闘指導の秘訣である。

此《こ》れ用兵の法なり。

［此用兵之法也］

# 第八章

# 九変篇

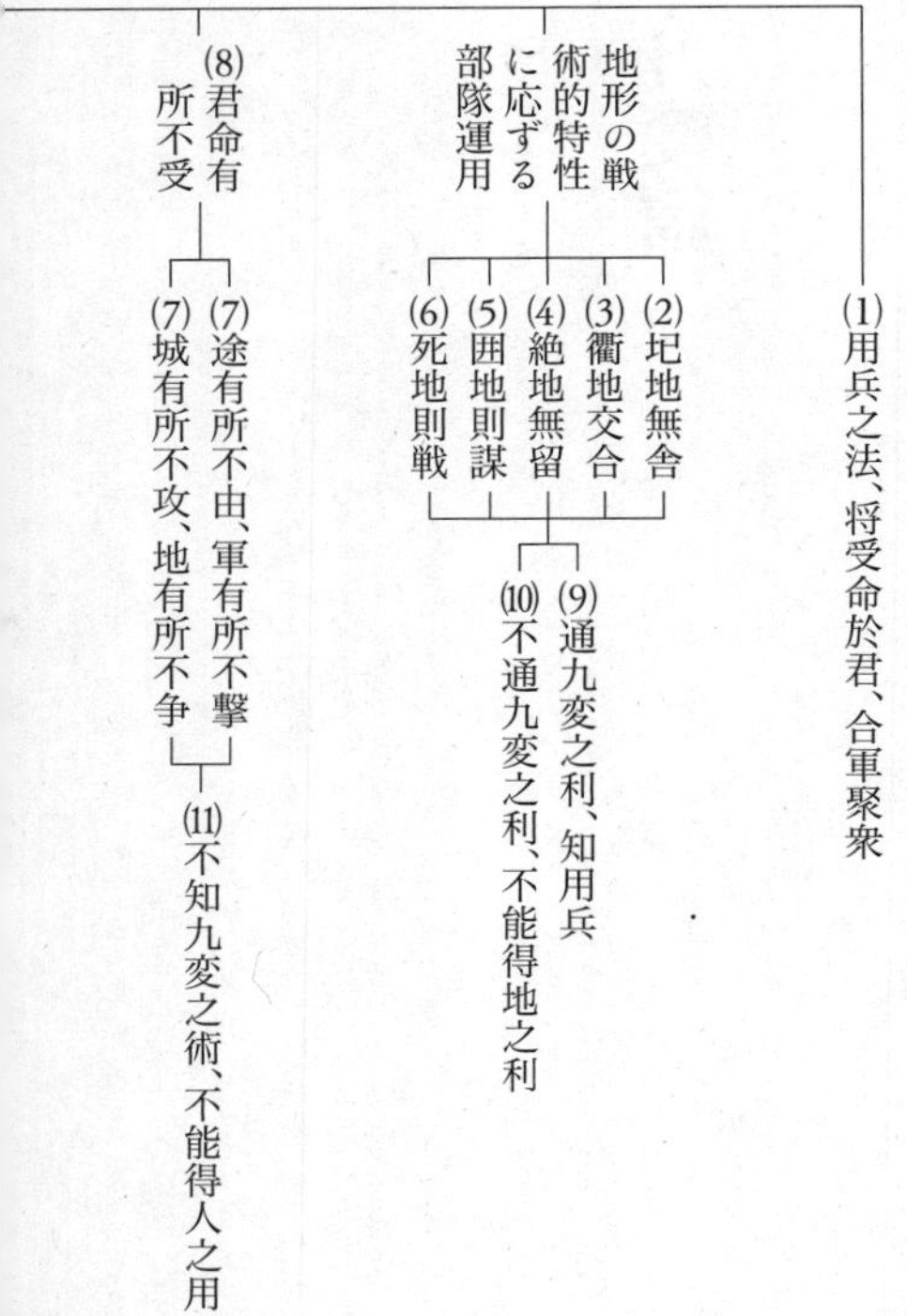
(1)用兵之法、将受命於君、合軍聚衆
地形の戦術的特性に応ずる部隊運用
(2)圮地無舎
(3)衢地交合
(4)絶地無留
(5)囲地則謀
(6)死地則戦
(9)通九変之利、知用兵
(10)不通九変之利、不能得地之利
(8)君命有所不受
(7)途有所不由、軍有所不撃
(7)城有所不攻、地有所不争
(11)不知九変之術、不能得人之用

## 「第八章　九変篇」の体系表

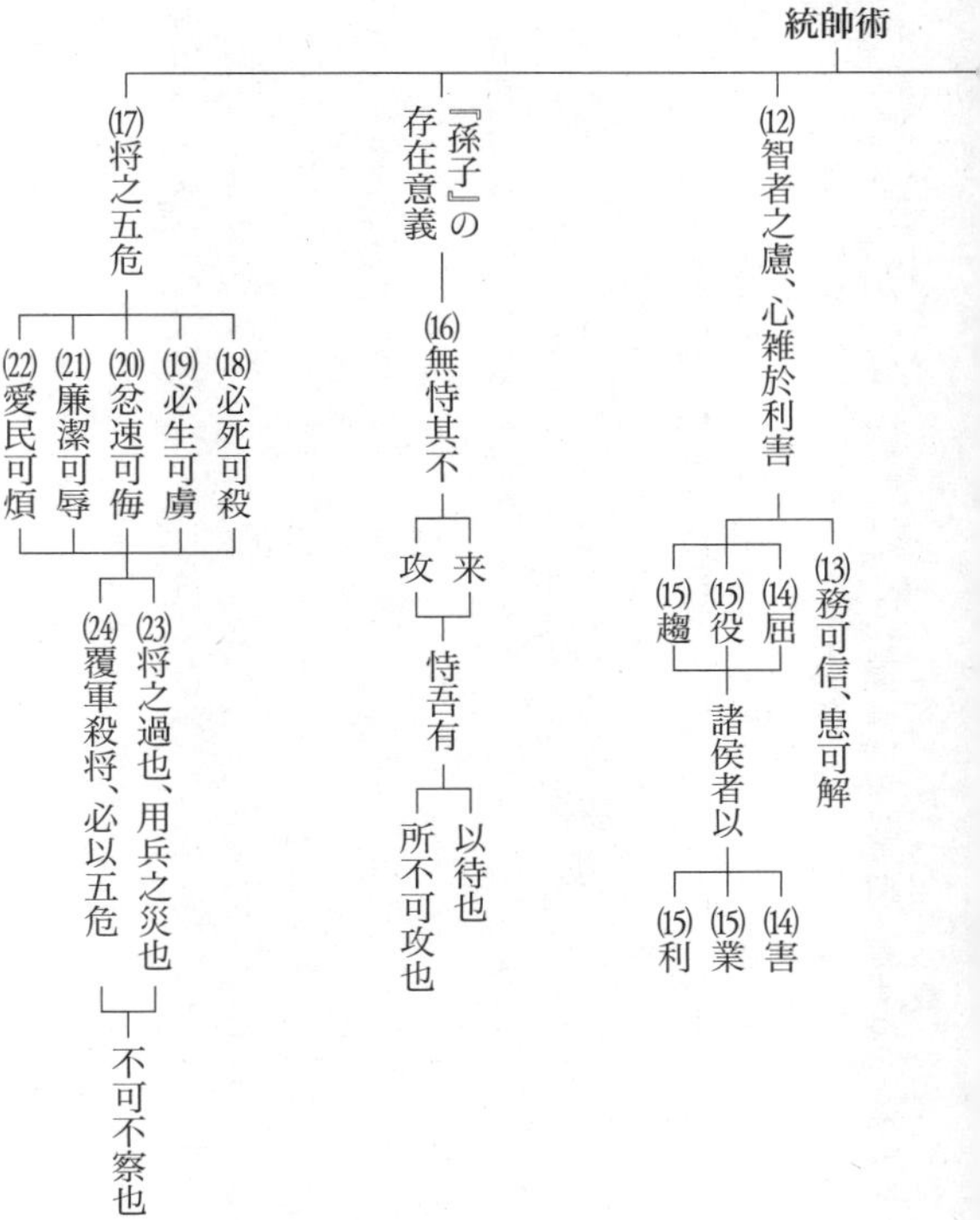
統帥術
(12)智者之慮、心雑於利害
(13)務可信、患可解
(14)屈
(15)役
(15)趨
諸侯者以
(14)害
(15)業
(15)利
『孫子』の存在意義
(16)無恃其不
来
攻
恃吾有
以待也
所不可攻也
(17)将之五危
(18)必死可殺
(19)必生可虜
(20)忿速可侮
(21)廉潔可辱
(22)愛民可煩
(23)将之過也、用兵之災也
(24)覆軍殺将、必以五危
不可不察也

# 一　地形・地域の戦術的特性に応ずる部隊運用

(1)　孫子はいう。武力を行使するにあたって、主将は、君主の委任を受けて国民を動員し、軍隊を召集する、と。

孫子曰《いわ》く、凡《およ》そ用兵の法、将、命《めい》を君《きみ》に受けて、軍を合わせ衆《しゅう》を聚《あつ》む。

［孫子曰、凡用兵之法、将受命於君、合軍聚衆］

▽本項は、軍争篇(1)項の末尾の「交和而舍、莫難於軍事」を除く前半部分と同文。

(2)　湿地のような**不健康な地**（**圯地**）に部隊を宿営させてはならない。

圯地《ひち》には舎《とど》まること勿《なか》れ。

**圯地**▼「圯」は破る、覆《くつがえ》るの意。依り所のない地形。▽九地篇(8)(14)(21)項を参照。**舎まること勿れ**▼兵力を展開・配備

［圮地無舎］

――してはならない。

(3)　同盟軍との合流は、通信・連絡が容易で交通の便が良い「衢地《くち》」で行う。

衢地《くち》には交《まじわ》りを合わす。

［衢地交合］

**衢地**▼交通至便な戦略・戦術的な要衝。▽九地篇(6)(13)(19)項を参照。

(4)　水源もなく草木も生えない不毛な土地（**絶地**）には、長く留《とど》まってはならない。

絶地《ぜっち》には留《とど》まる勿れ。

［絶地無留］

**絶地**▼部隊行動、特に進退が困難・危険な地形・地域。

(5) 出口が塞《ふさ》がれ囲まれた、敵に包囲されやすい地形（**囲地**）では、慎重に行動する。

囲地《いち》にては則《すなわ》ち謀《はか》る。

［囲地則謀］

**囲地**▼包囲され易い地形。山や川で囲まれ作戦行動を制約《せいやく》され、戦力の発揮が困難な地形・地域。▽九地篇⑼⒁㉒項を参照。

(6) **死地《しち》**に陥《おちい》ったならば、必死に戦う以外の選択肢はない。

死地《しち》には則《すなわ》ち戦う。

［死地則戦］

**死地**▼無為無策であれば、防御不可能な地形・地域。▽九地篇⑽⒁㉓㉝〜㊲㊼㊾㊿(55)(56)項を参照。

## 二　「君命も受けざる所あり」——独断専行の奨励と限度

(7)　軍隊には、**通ってはならない道**がある。（放置しておくべき）**攻撃してはならない敵**がある。（監視するだけに止め）**攻囲してはならない城塞都市**がある。**争奪の目標としてはならない土地**がある。

塗《みち》（途）には由《よ》らざる所あり、軍には撃たざる所あり、城には攻めざる所あり、地には争わざる所あり。

［塗有所不由、軍有所不撃、城有所不攻、地有所不争］

**塗**▼道。

(8)　将帥には、**主権者**（君主）の**命令といえども**、（戦術的な局面においては）実行する必要がない場合がある。

君命《くんめい》も受けざる所あり。

［君命有所不受］

▽本項は、軍隊指揮において極めて重要な第一線部隊指揮官の「独断専行」の要否・可否を論じるものであるが、作戦・戦闘が現実に実施されている戦場における第一線部隊指揮官の臨機応変の戦術的次元の指揮運用について述べるものであって、より上位の大戦略・軍事戦略の次元に関するものでないことについては、厳しく認識して峻別しなければならない。特に昭和期の帝国陸軍において濫用された中枢幕僚将校群の「専断・専恣」が、誤った「統帥権」の解釈を隠れみのとして僭称した「独断専行」とは、厳しく峻別されなければならない。**受けざる所**▼前の(7)項の四変をいう。▽謀攻篇(19)～(23)・(29)項および地形篇(18)項を参照。

## 三　戦場・戦況の多様性と変化に即応できる指揮運用

(9)　したがって、名将たる者は、このような**戦場の多様性**（**九変の地利**）と、それが戦況に応じて変化する要因までを、完全に知り、**臨機応変の対応**ができなければならない。

故《ゆえ》に、将、九変《きゅうへん》の地利に通ずる者は、兵を用うるを知る。

［故将通於九変之地利者、知用兵矣］

▽本項は、前の(8)項を受けて、戦術的な局面で「独断専行」の決断を迫られる現場指揮官の戦場指揮について論じるものである。**九変の地利**▼本篇(2)〜(7)項までの九つの地形特性に応じる戦術的な対処をいう。

(10)　**戦場の多様性と戦況の複雑な変化**に即応できる、**臨機応変の対応策**に通暁していない将軍は、たとえ戦場の地形を知っていたとしても、これを生かすことはできない。

将、九変《きゅうへん》の利に通ぜざる者は、地形を知ると雖《いえど》も、地の利を得《う》る能《あた》わず。

［将不通九変之利者、雖知地形、不能得地之利矣］

⑾　作戦（戦闘）を指揮するにあたって、**戦場の多様性**と**戦況の複雑化**に即応する**臨機応変の対応策**を理解していない者は、たとえ他の利点を理解していたとしても、部隊を効果的に指揮運用できない。

兵を治《おさ》めて九変《きゅうへん》の術《すべ》を知らざれば、他利を知ると雖《いえど》も、人の用を得《う》る能《あた》わず。

［治兵不知九変之術、雖知他利、不能得人之用矣］

**地の利**▼戦場の地域・地形の作戦的・戦術的な価値判断と状況判断。

**他利**▼本篇⑿〜⒂項までの五利。**人の用**▼任務の完遂。

## 四　状況判断における賢明な利害打算

⑿ したがって、名将の状況判断は、敵身方の相対戦力、戦場の戦術的な特性等の、**利害と得失を熟慮**して下される。

是《そ》の故《ゆえ》に、智者の慮《おもんぱかり》は、必ず利害を雑《まじ》う。

［是故、智者之慮、必雑於利害］

⒀ **有利な要素**と**不利な要素**とを同時に考慮に入れるから、名将はその企図を実現することが可能になる。**不利な要素**を考慮に入れるから、困難を打開できる。

利を雑《まじ》えて、務《つとめ》、信《の》ぶべきなり。害を雑えて、患《うれい》、解《と》くべきなり。

---

**慮**▼情勢判断。

**務、信ぶべき**▼任務の達成。

［雑於利而務可信也。雑於害而患可解也］

⒁　近隣諸国からの武力侵攻を**抑止**できるのは、彼らに**脅威をもたらす軍事的能力を保有し**ているからである。

是《そ》の故《ゆえ》に、諸侯を屈する者は害を以《もっ》てす。

［是故、屈諸侯者以害］

⒂　近隣諸国を、我が国に協力するようにさせられるのは、**我が国が利害を与えることができる**からである。また、これらの国を我が国が欲する方向に自在に動かせるのは、すぐに飛び付けるような利益を与えることができるからである。

---

**屈する**▼第三国の侵攻企図を抑止破砕する。**害**▼他国からの侵攻を撃退可能な現実的な防御能力、威力。古代アテネの歴史家、トゥキディデスがいう「人は敵に回して恐ろしい者を友とする」を想起せよ。抑止力の源泉。

諸侯を役《えき》する者は業《わざ》を以《もっ》てし、諸侯を趨《おもむ》かしむる者は利を以てす。

［役諸侯者以業、趨諸侯者以利］

**業**▼戦略・戦術上のいわゆる駆け引きによって相手を翻弄し、対応の暇《いとま》をなからしめる軍事的な方策に加え、張豫がいう「富強の業」という意味もある。つまり、何事も金銭で解決しようとする事なかれ主義に乗ずるとか、軟弱・虚栄・利己主義の風潮に乗じ国民精神の骨抜きを図る、等の業である。

**趨かしむる**▼誘う、陥れる。

## 五　「想定外」の陥穽への警鐘

⒃　（地震・津波・異常気象といった自然災害などを含む）危険・危機といった事態が起きてほしくない、という**願望に依存するのではなく**、いついかなる災厄が襲ってきても、被害を最小限に局限できる**危機管理態勢**を、平素から構築整備しておくべきである。我が国を侵略してくるような邪《よこしま》な国や組織は存在してほしくないという**願望に依存するのではなく**、いかなる侵略行動をも抑止し、対応できる**不敗の態勢**を、平素から構築・整備しておくべきである。これらの**危機管理、侵略抑止、対処の基礎的な態勢を確立**しておくことこそが、戦争

特に武力戦に対応するための基本である。

故《ゆえ》に用兵の法は、その来《きた》らざるを恃《たの》むこと無《な》く、吾《わ》れが以《もっ》て待つあるを恃むなり。其《そ》の攻めざるを恃むこと無く、吾れが攻むべからざる所あるを恃むなり。

［故用兵之法、無恃其不来、恃吾有以待也。無恃其不攻、恃吾有所不可攻也］

▽本項は、巷間「備えあれば、患いなし」といわれているが、実は「患いなければ、備えなし」というべきであり、『孫子』十三篇の総体的な結言ともいうべきキー・センテンスである。**恃む**▼頼る、依存する。**其の**▼本篇⒁⒂項にいう諸侯（近隣諸国）を指す。**以て待つあるを恃む**▼いかなる事態にも対応可能な態勢。**攻めざる**▼不敗の態勢。

## 六　将帥のアキレス腱――「五危」

⒄　将軍には、危険をもたらす五つのアキレス腱「五危」がある。

故《ゆえ》に、将に五危あり。

▽地形篇⑼〜⒃項の「六者の敗の道」を参照。**故**▼本篇⑴〜

［故将有五危］

⒃項までのすべてを受けて本篇の結論とするのが、本項の「五危」論である。最高軍事指導者は、本篇⑼項「九変の地利」を知るとともに、これを活用するに際しては、⑿項にいう「必ず利害を雑《まじ》う」ものでなければならない。したがって将帥の任用に際しては、軍争篇⒆項にいう「三軍は気を奪うべく、将軍は心を奪うべし」の精神的・心理的な脆弱という「虚」につけこまれないため留意すべきが「五危」である。

⒅ **向こう見ずで死に物狂いになる（必死の）将軍は、殺される。**

必死は殺され、

［必死可殺也］

**必死**▼勇猛果敢ではあるが、思慮深さに欠け猪突猛進する将帥。▽始計篇⑺項の「勇」を参照。

⒆ **死を恐れ、生に執着する（必生の）将軍は、捕虜とされるであろう。**

必生《ひっせい》は虜《とりこ》にされ、

［必生可虜也］

(20)　短気で怒りやすい（忿速の）将軍は、敵の挑発に乗りやすく、主動権を失う。

忿速《ふんそく》は侮《あなど》られ、

［忿速可侮也］

(21)　あまりにも清廉潔白な（廉潔の）将軍は、辱《はずかし》められると、謀略に陥《おちい》りやすい。

廉潔《れんけつ》は辱《はずか》しめられ、

［廉潔可辱也］

**必生**▼理智的ではあるが、闘志に欠ける将帥。▽始計篇(7)項の「智」を参照。

**忿速**▼忍耐力に欠け短気で、些事にも過敏に反応し激しやすい性格の将帥。▽始計篇(7)項の「厳」を参照。

**廉潔**▼名誉欲が強く、体面を気にしすぎて、自己の本来の使命を忘れやすい将帥。▽始計篇(7)項の「信」を参照。

(22)　**人民や部下将兵に対する同情心に富み、鬼手仏心という大事を理解できず、小を殺して大を生かす道を知らない（愛民の）将軍は、**優柔不断に陥《おちい》りやすく、重要な時機における決断を下せない。

愛民は煩わされる。

［愛民可煩也］

**愛民**▼情が深すぎて、戦機・戦略の利・不利にかかわらず国民の窮状を静観できない将帥。▽始計篇(7)項の「仁」を参照。

(23)　この五つの性格的な弱点は、将軍の武力戦指導においては致命的な欠陥となる。

凡《およ》そ、此《こ》の五者は、将の過《あやまち》なり。用兵の災《わざわい》なり。

［凡此五者、将之過也。用兵之災也］

**将の過**▼将帥としての資質に反する基本的欠陥。

(24) 軍隊の壊滅と将軍の戦死は、必ずこの五つの欠陥から生じるものである。これは、よくよく理解・認識し、自省・自戒しておかねばならない。

軍を覆《くつがえ》し将を殺すは、必ず五危を以《もっ》てす。察せざるべからざるなり。

［覆軍殺将、必以五危。不可不察也］

**察せざるべからざるなり**▼将帥の任用にあたり慎重に検討するとともに、将帥たる者は当然ながら権変の道に通暁しなければならないとする。

# 第九章

# 行軍篇

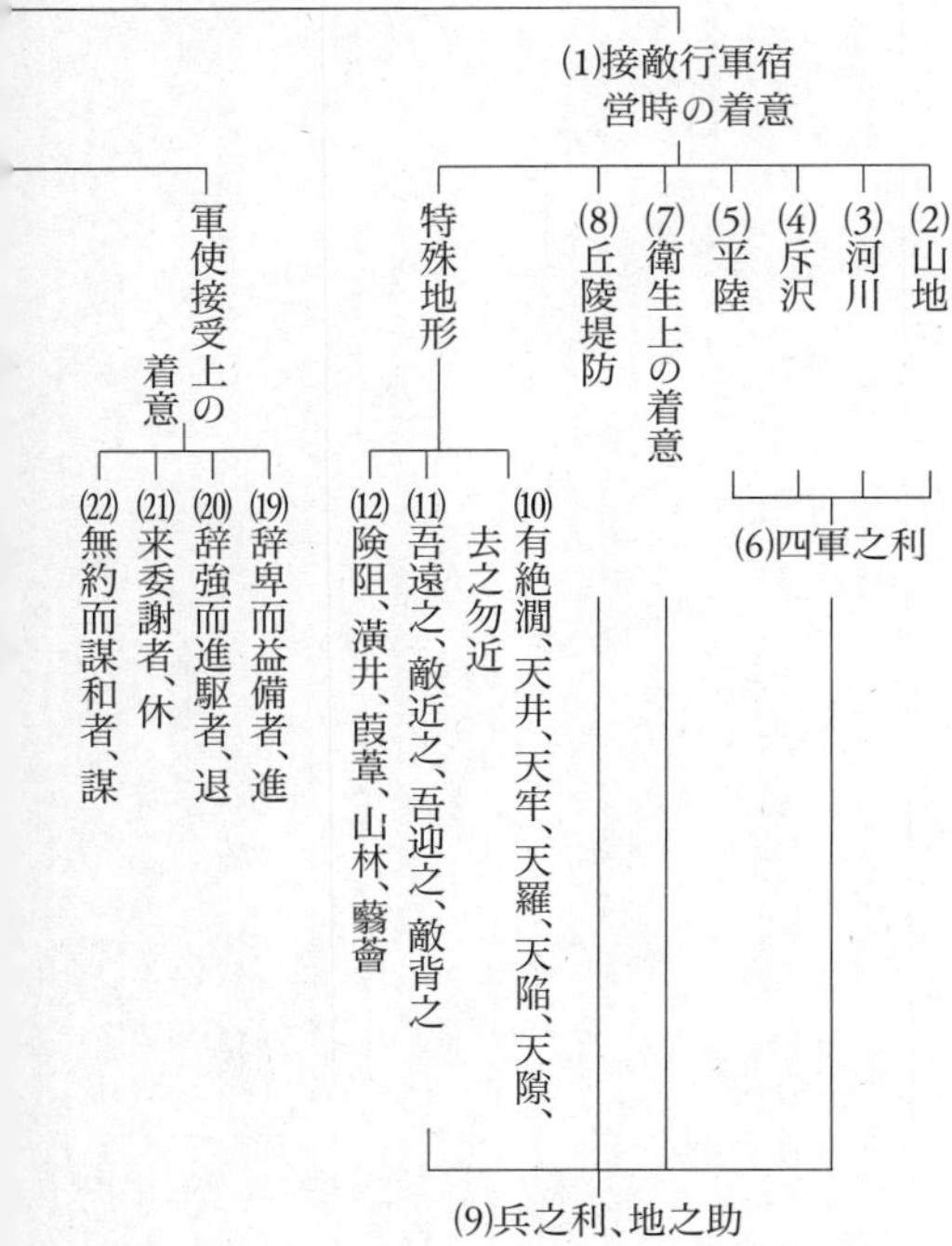
(1)接敵行軍宿営時の着意
(2)山地
(3)河川
(4)斥沢
(5)平陸
(6)四軍之利
(7)衛生上の着意
(8)丘陵堤防
特殊地形
(10)有絶澗、天井、天牢、天羅、天陥、天隙、去之勿近
(11)吾遠之、敵近之、吾迎之、敵背之
(12)険阻、潢井、葭葦、山林、蘙薈
(9)兵之利、地之助
軍使接受上の着意
(19)辞卑而益備者、進
(20)辞強而進駆者、退
(21)来委謝者、休
(22)無約而謀和者、謀

## 「第九章　行軍篇」の体系表

- 用兵術
  - 敵情収集上の兆候
    - 敵動向の偵察
      - (13)近而静者、遠而挑戦者、其所居易者
      - (14)衆樹動者、来也　(15)衆草多障者、疑也
      - (16)鳥起者、伏也。獣駭者
      - (17)高而鋭者、車来也　(18)散而條者、樵採也
      - (23)軽車先　(24)奔走陳　(25)半進半退
      - (26)杖而立者、飢也　(27)汲而先飲者
      - (28)見利而不進者
    - 敵軍無形戦力の観察
      - (29)鳥集者、虚也　(30)夜呼者恐也　(31)軍擾者、将不重也
      - (32)旌旗動者、乱也　(33)吏怒者、倦也
      - (34)粟馬肉食、無懸缻、不返舎者、窮寇也
      - (35)諄々翕々、徐与人言者、失衆也　(36)数賞者、数罰者
      - (37)先暴而後畏其衆者、不精之至也
      - (38)兵怒而相迎、必謹察之
  - 用兵上の着意
    - (39)兵非益多、惟無武進
    - (40)足以併力料敵取人而已
  - 統御上の着意
    - (41)卒未親附而罰之、卒已親附而罰不行
    - (42)令之以文、斉之以武、是謂必取
    - (43)令素行以教其民、則民服、否則不服
    - (44)令素行、与衆相得也

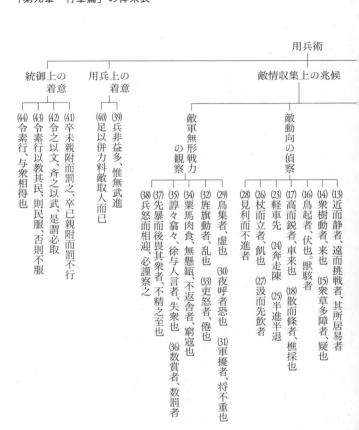

## 一　行軍時の地形に応じた注意事項

(1)　行軍に際しては、必ず**敵情捜索**と**地形偵察**を周到に実施せよ。

凡《およ》そ、軍を処《お》くには敵を相《み》る。

［孫子曰、凡処軍相敵］

▽本項は、「行軍篇」の綱領として、「敵情判断」の重要性について注意を喚起し、(2)～(12)項で作戦地域の戦術的特性を、(13)～(38)項で敵情解明の端緒となる戦術的な兆候を、(41)～(45)項で部下部隊の統御について、述べる。**軍を処く**▼「処く」は、処置する、行軍させるの意。戦力を投入（派遣）するに際しては……。**敵を相る**▼「相る」は視る、すなわちすべての事柄を視察し、観察すること。

(2)　山地を通過する場合には、谷を伝って進み、同時に行軍の**接近経路**（作戦で利用できる地形上の経路）の死命を制する**緊要地形**（軍事的に重要な地形）を占拠せよ。戦闘は、**制高地から低地**に向かって行うべきであり、制高地に向かって登りながら戦ってはならない。これが山地戦の秘訣である。

山を絶《わた》るには谷に依《よ》り、生《せい》を視《み》て高きに処《お》く。隆《たか》きに戦いては登ること無かれ。此《こ》れ、山に処《お》るの軍なり。

［絶山依谷、視生処高。戦隆無登。此処山之軍也］

**生**▼死地に対する生地。行軍の経路（接近経路）を制する緊要地形。**高き**▼視界と射界ともに良好な制高点、瞰制点。**隆き**▼制高地。

(3) 渡河した後は、**河岸から離れて必ず距離をおくべき**である。渡河中の敵を水際で迎え撃ってはならない。敵兵力の半分が渡河したとき、すなわち兵力が河川で前後に分離している弱点に乗じ、攻撃すれば効果的である。河川防御に際しては、水際に陣地を編成してはならない。戦場を支配する緊要地形を占領して防御のための陣地を編成せよ。下流域に陣地を編成してはならない。これが、河川防御の秘訣である。

水を絶《わた》らば必ず水に遠ざかる。客、水を絶《わた》り——

**水を絶りて**▼水系を渡る。**客**▼敵の部隊。**水内**▼河岸近傍。

て来らば、之《これ》を水内《すいない》に迎うること勿《なか》れ。半《なか》ば済《わた》らしめて之を撃《う》てば利あり。戦わんと欲する者は、水に附《つ》きて客を迎うること無《な》かれ。生《せい》を視《み》て高きに処《お》れ。水流を迎うること無かれ。此《こ》れ、水上に処るの軍なり。

［絶水必遠水。客絶水而来、勿迎之於水内。令半済而撃之利。欲戦者、無附於水而迎客。視生処高。無迎水流。此処水上之軍也］

(4) 湿地帯を通過する場合は、**できる限り迅速に進み、停止してはならない。**このような湿地帯での行軍の途中で敵と遭遇した場合、水草や樹木などを背にして兵を展開せよ。これが、湿地帯における戦闘の秘訣である。

斥沢《せきたく》を絶《わた》る時は、惟《ただすみやか》亟に去りて留《とど》まること無かれ。若《も》し、軍を斥沢の中に交《まじ》ゆる時

---

**附きて**▼「附く」とは、近づき水際に陣地を編成すること。

**水流を迎うる**▼河川の下流に布陣する。

**斥沢**▼湿地帯。

は、必ず水草に依《よ》りて衆樹《しゅうじゅ》を背にせよ。此《こ》れ、斥沢に処《お》るの軍なり。

「絶斥沢、惟亟去無留。若交軍於斥沢之中、必依水草而背衆樹。此処斥沢之軍也」

(5) 平坦な地形では、**行動が容易な場所に陣地を編成**せよ。高地を背にして有利な態勢をとれば、戦場は前方となり、背後の安全は確保される。これが、平坦な地形における戦闘の秘訣である。

平陸《へいりく》は易《い》に処《お》る。而《しこう》して高きを右背《うはい》にし、死を前にし生《せい》を後《うし》ろにす。此《こ》れ、平陸に処るの軍なり。

「平陸処易。而右背高、前死後生。此処平陸之軍也」

**高きを右背に**▼右利きの将兵にとって弓矢等の使用に便利であるということで、制高地を右後方にするとする説もあるが、孫武が固定的な戦闘様式を主張するのは考え難いことであるから、「右」は左右の右ではなく、助けまたは強しの意であって、高地を後背にして有利な態勢をとると解するのが妥当である。

(6) 以上、四つの異なる地形を戦場とした時のそれぞれの戦闘の秘訣を応用することによって、かの黄帝は四人の諸侯に勝利し得たのである。

凡《およ》そ、此《こ》の四軍の利は、黄帝《こうてい》の四帝に勝ちし所以《ゆえん》なり。

［凡此四軍之利、黄帝之所以勝四帝也］

**四軍の利**▼山地、河川、斥沢《せきたく》、平地における、四つの地形特性に応じる戦闘の秘訣。**黄帝**▼伝説上の古代の帝王で、五帝のうちの第一帝王のこと。

## 二　兵力配備における地形利用の注意点

(7) 兵力配備に際しては、他から見下ろされるような低地や日陰・湿地よりも、**視界**と**射界**ともに良好で、陽光の溢れた**高地**を選定すべきである。軍隊が**健康的**で安全な場所に軍営を置き、疾病《しっぺい》に苦しむことがないことは、戦勝の前提条件である。

凡《およ》そ、軍は高きを好みて下《ひく》きを悪《にく》み、陽《よう》を貴《とうと》

**生を養い**▼健康に留意して。**実に処り**▼士気を鼓舞して体力

び陰《いん》を賤《いや》しむ。生《せい》を養いて実《じつ》に処《お》り、軍に百疾《ひゃくしつ》無《な》きは、是《これ》を必勝と謂《い》う。

［凡軍好高而悪下、貴陽而賤陰。養生而処実、軍無百疾、是謂必勝］

気力を充実させる。

(8)　丘陵や起伏の多い場所、堤防や台地の周近では、後方と右翼が障害物で防護された日当たりのよい場所に陣地せよ。

丘陵・堤防は、必ずその陽に処《お》りて、之《これ》を右《う》背《はい》にせよ。

［丘陵堤防、必処其陽、而右背之］

**右背**▼「右」は、右利きが弓矢を射るのに便利な左右の右ではなく、右（助け）あるいは右（貴《とうと》ぶ）の意とする解釈するべきである。

(9)　このような兵力配備の方策は、兵力の運用を柔軟にし、併せて**地形の戦力強度**を増すことになる。

此《こ》れ、兵の利にして地の助けなり。

［此兵之利、地之助也］

## 三　地形の障害克服の注意事項

⑽　**絶澗**《ぜっかん》（両側が切り立った深い谷川や絶壁の間の急流）、**天井**《てんせい》（四方を囲まれ水の湧き出ている、天然の井戸のような狭い盆地）、**天牢**《てんろう》（出口のない天然の牢獄のような地形）、**天羅**《てんら》（網の目のように草木・森林・灌木《かんぼく》が密生した地域）、**天陥**《てんかん》（落ち窪《くぼ》んで天然の罠《わな》のような沼沢地《しょうたくち》）、**天隙**《てんげき》（一本道の隘路《あいろ》のような天然の裂け目ともいうべき狭く奥まった地形）といった進路に適さない六つの地形を経路に選ばざるを得ない場合、できるだけ迅速に通過せよ。決して滞留してはならない。

凡《およ》そ、地には絶澗《ぜつかん》・天井《てんせい》・天牢《てんろう》・天羅《てんら》・天《てん》陥《かん》・天隙《てんげき》あり。必ず亟《すみや》かに之《これ》を去りて、近づくなかれ。

［凡地有絶澗・天井・天牢・天羅・天陥・天隙。必亟去之勿近也］

**絶澗**▼絶壁に囲まれた谷間。**天井**▼四方が切り立った窪地、自然の井戸。**天牢**▼三方が崖になった場所。**天羅**▼草木が繁茂して部隊行動が困難な場所。九地篇(8)項を参照。**天陥**▼低く落ち込んだ窪《くぼ》地。**天隙**▼凹凸の激しい地形。

(11)　このような進路に適さない地形には、自軍は接近せずに敵を誘導すべきである。また、自軍はこのような地形と向かい合う位置につき、敵にはこれを背にするように仕向けるべきである。

吾《われ》は之《これ》に遠ざかり、敵は之に近づかしめよ。吾は之を迎え、敵は之を背《うしろ》にせしめよ。

［吾遠之、敵近之。吾迎之、敵背之］

## 四　行軍時に待ち伏せを警戒すべき地形

⑿　自軍の行軍途上に、「隘路《あいろ》（険阻《けんそ》）」「葦《あし》や藺草《いぐさ》のような水生の草が生い茂る危険な沼沢地（潢井《こうせい》・葭葦《かい》）」「厚く絡み合った茨《いばら》で覆われた山林（山林・翳薈《えいわい》）」などがあれば、徹底的な捜索《そうさく》を行わねばならない。なぜならば、このような場所には、**敵の伏兵**が手ぐすねを引いて待ち、また、**情報収集員（斥候《せっこう》）**が潜《ひそ》んでいる可能性が大きいからである。

軍行に、険阻《けんそ》・潢井《こうせい》・葭葦《かい》・山林・翳薈《えいわい》ある者は、必ず謹《つつし》みて之《これ》を覆索《ふくさく》せよ。此《こ》れ、伏姦《ふくかん》の処《お》る所なり。

［軍行険阻・潢井・葭葦・山林・翳薈者、必謹覆索之。此伏姦之所処也］

---

▽本項は、敵に向かって行軍する際の地形偵察において着眼すべき事項である。**潢井**▼水たまり。**葭葦**▼あしが繁茂した沼沢地。**翳薈**▼草木の密生地。**覆索**▼捜索。**伏姦**▼待ち伏せ。

## 五　敵の動静を示す兆候

⒀　敵が我が軍を間近にしながら不利な地形に留まるのは、その背後に、何か有利とするものを頼みとしているからである。敵が遠距離から戦闘を挑んでくるのは、相手を前進させようと欲しているからである。よって、**攻撃されやすく防御が難しい地形**に布陣する敵は、**囮**《おとり》である可能性がある。

敵、近くして静かなる者は、其《そ》の険《けん》を恃《たの》むなり。遠くして戦いを挑む者は、人の進むを欲するなり。其の居る所易《い》なる（易き）者は、利するなり。

「敵近而静者、恃其険也。遠而挑戦者、欲人之進也。其所居易者、利也」

---

▽本項〜㊳項までは、敵情捜索において注意すべき情報資料（インフォメーション）収集上の「兆候」である。

⒁ 樹木が動くのは、敵の前進を示している。

衆樹動く者は、来るなり。

［衆樹動者、来也］

⒂ 茂みの中に多数の障害物が設置されているのは、敵の伏兵展開を示している。

衆草、障《さわり》多き者は、疑なり。

［衆草多障者、疑也］

**衆草**▼草の多いところ。

⒃ 鳥が飛び立つのは、伏兵の存在を示す。野生の動物が怯《おび》えて逃げ出すのは、敵の伏撃を示している。

鳥、起つ者は伏なり。獣、駭《おどろ》く者は覆《ふく》なり。

［鳥起者、伏也。獣駭者、覆也］

覆▼伏撃を企図する敵の奇襲部隊。

⒄　高く舞い上がる塵煙は、戦車の接近を示唆する。低くたなびき横に広がるホコリは、歩兵の接近を示している。

塵《ちり》の高くして鋭き者は、車《しゃ》の来るなり。卑《ひく》うして広き者は、徒《かち》の来るなり。

［塵高而鋭者、車来也。卑而広者、徒来也］

⒅　ホコリが点々とあちこちに舞い上がるのは、敵が薪《まき》を集めていることを示している。わずかなホコリがあちらこちらと行き交って見えるのは、敵が宿営の準備をしていることを示している。

散《さん》じて条達《じょうたつ》する者は、樵採《しょうさい》なり。少なくして往来する者は、軍を営《いとな》むなり。

［散而条達者、樵採也。少而往来者、営軍也］

**条達**▼すじのように伸びる。**樵採**▼薪を集める。**軍を営む**▼宿営。

## 六　敵の欺瞞行動を示す兆候

⑲　敵の軍使がへりくだりながらも、敵軍が戦闘準備を続けているのは、間もなく進撃して来ることを示している。

辞《じ》、卑《ひく》うして備《そなえ》を益《えき》す者は、進むなり。

［辞卑而益備者、進也］

(20)　軍使が強気の言を弄すとともに、前進の気勢を示すのは、敵が間もなく後退することを示している。

辞《じ》、強くして進駆《しんく》する者は、退くなり。

「辞強而進駆者、退也」

(21)　軍使が媚《こ》びへつらう言を弄するのは、敵が休戦したがっていることを示している。

来《きた》りて委謝《いしゃ》する者は、休息を欲するなり。

「来委謝者、欲休息也」

**委謝**▼委質《いし》して謝す。贄《にえ》（礼物）を捧げて謝す。

(22)　敵が事前の予備交渉もなく休戦を求めてくるのは、欺騙行動を示している。

約なくして和を請《こ》う者は、謀《はか》るなり。

［無約而請和者、謀也］

(23) 軽戦車が出動して敵軍の両側を固め始めているのは、戦闘隊形を整えていることを示している。

軽車先ず出で、其《そ》の側《かたわら》に居る者は、陳《じん》するなり。

［軽者先出居其側者、陳也］

(24) 敵陣営の将兵が忙《せわ》しなく動きまわり戦車を展開しているのは、いよいよ攻撃行動が始まることを示している。

---

**約なく**▼事前の打ち合わせなくして。金谷治は「約を困窮の意にみるのがよい」と註している。

**軽車**▼戦車。**陳する**▼兵力を配備する。

奔走《ほんそう》して兵車を陳《つら》ぬる者は、期《き》するなり。

［奔走而陳兵車者、期也］

(25)　敵が一進一退しているのは、我が軍を罠《わな》に誘い込もうとしていることを示している。

半進半退する者は、誘《いざな》うなり。

［半進半退者、誘也］

## 七　敵の士気・規律の停滞を示す兆候

(26)　兵士が武器を杖にして身を支えているのは、その部隊が飢えていることを示している。

杖《つえ》して立つ者は、飢《う》うるなり。

［杖而立者、飢也］

(27) 兵士が水を汲む際、部隊に供給する前にまず自分が飲むのは、その部隊が渇《かわ》きに苦しんでいることを示している。

汲《く》みてまず飲む者は、渇《かつ》するなり。

［汲而先飲者、渇也］

(28) 戦局が有利であるにもかかわらず、敵が戦機を捕えて攻撃してこないのは、疲労していることを示している。

利を見て進まざる者は、労《つか》るるなり。

——

「見利而不進者、労也」

(29) 鳥が敵陣の上を群れをなして飛び交っているのは、そこが藻抜けの殻であることを示している。

鳥の集まるは、虚《きょ》なるなり。

「鳥集者、虚也」

(30) 敵が夜間に騒ぐのは、**恐怖している**ことを示している。

夜呼ぶ者は、恐るるなり。

「夜呼者、恐也」

(31) 軍紀の乱れは、**将軍の威信が低下**していることを示している。

軍の擾《みだ》るるは、将の重からざるなり。

［軍擾者、将不重也］

**軍の擾るる**▼軍紀が低下し部隊が混乱する。

(32) 旗や幟《のぼり》が、無秩序に絶えず前後左右に移動するのは、**指揮中枢が混乱**していることを示している。

旌旗《せいき》の動く者は、乱るるなり。

［旌旗動者、乱也］

(33) 将校がむやみに怒声を発するのは、内部に**厭戦《えんせん》気分**が**蔓延**していることを示している。

吏《り》、怒る者は、倦《う》むなり。

「吏怒者、倦也」

**吏**▼下級将校。**倦む**▼やる気を失い積極性を失う。

(34) 戦闘用の馬に兵士の穀物を与え、兵士が運送用の馬の肉を食し、炊事用具をもとにもどさず、幕舎に帰ろうともしないのは、敵が「窮鼠《きゅうそ》猫を噛む」の状況に陥り**必死に敢闘**しようとすることを示している。

馬には粟《ぞく》して肉食し、軍には懸甀《けんつい》無《な》く、其《そ》の舎《しゃ》に返らざる者は、窮寇《きゅうこう》なり。

「粟馬肉食、軍無懸甀、不返其舎者、窮寇也」

**懸甀**▼炊事用具。**窮寇**▼追い詰められた状態。軍争篇(31)項の「窮寇」に同じ。

(35) 将校がくどくどと相手の顔色を見ながら丁寧に語りかけているのは、**将兵の信頼を失っている**ことを示している。

諄々《じゅんじゅん》翕々《きゅうきゅう》として徐《おもむろ》に人と言う者は、衆《しゅう》を失えるなり。

［諄諄翕翕、徐与人言者、失衆也］

**諄諄**▼筋道を立てて物を言う。**翕翕**▼恐る恐る。

(36) 将軍が部下を頻繁《ひんぱん》に褒め称えるのは、万策尽きて困っていることを示し、頻繁に懲罰を加えるのは、**将軍が窮《きゅう》地《ち》に陥《おちい》っていること**を示している。

数々《しばしば》賞する者は、窘《くるし》むなり。数々罰する者は困《くるし》むなり。

［数賞者、窘也。数罰者、困也］

**窘む**▼八方ふさがり。

(37) 兵士を最初は乱暴に扱っていた将校が、その後、恐れるようになるのは、**軍紀の弛緩《しかん》が限界に達した**ことを示している。

先には暴にして、後に其《そ》の衆《しゅう》を畏《おそ》るる者は、不精《ぶせい》の至なり。

［先暴而後畏其衆者、不精之至也］

**不精**▼事に精《くわ》しからずの意で、軍隊の統率や用兵の本質を理解していない者。

(38) 決戦を挑んできた敵兵が、攻めるでもなく守るでもなく、また撤退するでもないときは、**綿密周到に敵情を解明**しなければならない。

兵、怒りて相迎《あいむか》うるに、久しくして合わせず、また相去らざるは、必ず謹《つつし》みて之《これ》を察せよ。

［兵怒而相迎、久而不合、又不相去、必謹察之］

**必ず謹みて之を察す**▼「謹みて」に留意し、周到綿密・徹底的に観察研究する。

## 八　軍規は軍の命脈だが、敵と身方の優劣は

(39) 作戦・戦闘においては、相対的戦力の多寡だけで優劣を判断してはならない。兵力が優勢だからといって**安易に攻撃をしてはならない**。

兵は、多きを益ありとするには非《あら》ざるなり。惟《ただ》武《ぶ》進《しん》する無かれ。

［兵非益多也。惟無武進］

---

▽本項と(40)項は、行軍時の部隊運用上の注意事項を述べている。

**武進**▼猪突猛進。

(40) 作戦・戦闘に当たっては、**的確な敵情判断**により、敵に勝る圧倒的な兵力を狙った時機・場所に集中させなければならない。この一事がすべてを決する。先見の明を欠き、敵の能力を過小評価する者は、必ず敵に捕えられるであろう。

以《もっ》て力を併《あわ》すること足りて、敵を料《はか》り人を取らんのみ。夫《そ》れ、惟《ただ》慮《おもんぱかり》無くして敵を易《あなど》る者は、必ず人に擒《とりこ》にせらる。

［足以併力、料敵取人而已。夫惟無慮而易敵者、必擒於人］

(41)　まだ十分に教育訓練が行き届いていない新兵を罰すれば、命令に従わなくなる。兵士が命令に従わなくなれば、その軍隊を運用することは困難となる。しかし、忠誠心がすでに固まった兵士に罰則が適正に課されなければ、同様にその軍隊を運用することは不可能となる。

卒《そつ》、未《いま》だ親附《しんぷ》せず、而《しか》して之《これ》を罰すれば、則《すなわ》ち服せず。服せざれば則ち用い難《がた》し。卒、已に親附し、而して罰行われざれば、則ち用うべからざるなり。

---

**力を併す**▼十分な兵力の集中により、狙った時機・場所において相対的戦力の優越を確保する。**敵を料り**▼的確な敵情判断。

▽本項〜(44)項は、部下将兵特に新兵に対する統御上の着意事項を述べている。**親附**▼親しみ服従する。

［卒未親附而罰之、則不服。不服則難用也。卒已親附而罰不行、則不可用也］

(42) したがって、部下である将兵を、**恩愛と軍紀をもって統率すれば、**任務完遂が可能な部隊になるといってもよいであろう。

故《ゆえ》に、之《これ》に令《れい》するに文《ぶん》を以《もっ》てし、之を斉《ととの》うるに武《ぶ》を以てす。是《これ》を必取《ひっしゅ》と謂《い》う。

［故令之以文、斉之以武。是謂必取］

(43) もしも、**命令が平素よりきちんと実行**されていれば、兵士は命令に従う。これに反し、**日頃より命令が守られていない**ようであれば、兵士は従わないであろう。

令《れい》、素《もと》より行われ、以《もっ》て其《そ》の民を教《おし》うれば、

---

**令**▼命令する。**文**▼思いやり、情愛の深さ。**武**▼厳正なる規律の確立。**之を斉うる**▼命令・指示の徹底を図る。**必取**▼目標・勝利の達成。▽始計篇(4)(11)項「法令孰行、賞罰孰明」、謀攻篇(27)項を参照。

**令、素より行われ**▼遵法精神が徹底している状態。▽始計篇

則《すなわ》ち民服《みんぷく》す。令、素より行われず、以て其の民を教うれば、則ち民服せず。

［令素行、以教其民、則民服。令不素行、以教其民、則民不服］

(44)　あらゆる状況において**命令が適正・適切**であることが認識され、実行されているならば、**政軍指導者・指揮官と国民・将兵（軍隊）の関係**は、満足すべきものとなるであろう。

令《れい》、素《もと》より行わるる者は、衆《しゅう》と相得《あいう》るなり。

［令素行者、与衆相得也］

(4)項、謀攻篇(27)項、本篇(44)項と併せ読むこと。

**衆と相得る**▼「衆」は、兵士というより国民のこと。政軍指導者と国民との上下間の意思疎通が円滑で、統治が安定していること。すなわち始計篇(4)項と呼応するもの。

# 第十章

# 地形篇

- 地形は兵之助
  - (1)六地形の戦術的特性
    - (2)通形―先居高陽、利糧道以戦、則利
    - (3)挂形
      - 敵無備、出而勝之
      - 敵若有備、出而不勝、難返、不利
    - (4)支形
      - 敵雖利我、我無出也
      - 引而去之、令敵半出、撃之利
    - (5)隘形
      - 我先居之、必盈以待敵
      - 敵先居之、盈而勿従、不盈而従之
    - (6)険形
      - 我先居之、必居高陽以待
      - 敵先居之、引去勿従
    - (7)遠形―勢均、難以挑戦、戦而不利
    - 結言―(8)此六者、地之道也、将之至任、不可不察也
  - (9)(16)六敗之道
    - (10)走　勢均、以一撃十
    - (11)弛　卒強吏弱
    - (12)陥　吏強卒弱
    - (13)崩　大吏怒而不服、遇敵懟而自戦、将不知其能
    - (14)乱
      - 将弱不厳、教導不明
      - 吏卒無常、陳兵縦横
    - (15)北
      - 将不能料敵、以少合衆
      - 以弱撃強、兵無選鋒

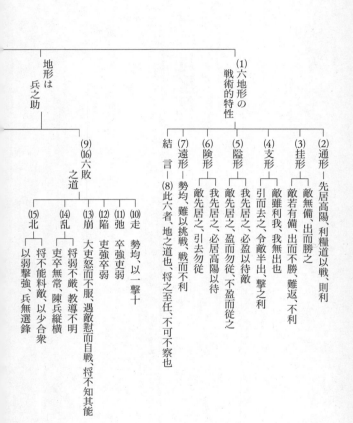

# 「第十章　地形篇」の体系表

- 地形学
  - ⒄上将之道
    - 料敵制勝
    - 計険阨遠近
      - 地形者、兵之助也
  - 将帥の矜持
    - 統帥の独立不羈
      - ⒅必勝、主曰無戦、必戦
      - 不勝、主曰必戦、無戦
    - 責任感
      - ⒆進不求名、退不避罪
      - 唯民是保、而利合於主
  - 部下将兵の統御
    - ⒇視卒如嬰児、可与赴深谿。視兵如愛子、可与之倶死
    - (21)
      - 厚
      - 愛
      - 乱
      - 而不能
        - 使
        - 令
        - 治
        - 譬若驕子、不可用也
  - 将帥の統帥道
    - (22)知吾卒之可以撃
    - (23)知敵之可撃
    - (24)知敵之可撃
      - 勝之半
    - (25)知兵者、動而不迷、挙而不窮
  - 結言
    - (26)知彼知己、勝乃不殆。知天知地、勝乃可全

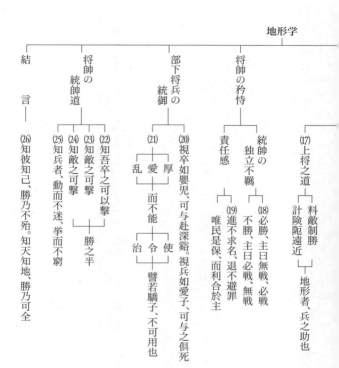

## 一　六地形の戦術的特性

(1)　孫子がいうには、地形はその特性によって、接近が容易な地形（通）、罠《わな》に陥《おちい》りやすい地形（挂）、争っても何の利益もなく混戦状態に陥る地形（支）、狭隘な地形（隘《あい》）、起伏に富んだ険峻な地形（険）、広々とした平坦な地形（遠）の六つに分類できる。

孫子曰《いわ》く、地形には、通《つら》なる者あり、挂《けい》なる者あり、支《し》なる者あり、隘《あい》なる者あり、険《けん》なる者あり、遠《えん》なる者あり。

［孫子曰、地形有通者、有挂者、有支者、有隘者、有険者、有遠者］

▽本項〜(6)項は、六つの地形の戦術的な特性について述べる。**通**▼交通の便利な地形。**挂**▼交通が不便な地形。**支**▼兵力の分離・分散に陥りやすい地形。**隘**▼隘路。**険**▼高く険しい地形。**遠**▼敵身方が遠く離隔して兵力対峙させるような平坦地。

(2)　敵身方双方にとって良好な接近経路を、「通」という。このような地形は視界と射界ともに良好である。後方連絡線（補給路）の確保が容易な**制高地**を、敵に先んじて占拠すれば、戦いを有利に進めることができる。

我れ以《もっ》て往《ゆ》くべく、彼れ以て来《きた》るべきを、通《つう》という。通形《つうけい》は、先に高陽《こうよう》に居り、糧道を利して、以て戦えば則《すなわ》ち利あり。

［我可以往、彼可以来、曰通。通形者、先居高陽、利糧道、以戦則利］

**通**▼敵身方ともに良好な接近経路。▽九地篇⑸項「交地」参照。**高陽**▼視界と射界ともに良好で、後方連絡線（補給路）を確保して、戦場を支配する制高地。▽九地篇⑷項「争地」参照。

(3) 出撃は容易でも撤収が困難な罠《わな》に陥《おちい》りやすい地形を、「挂」という。このような地形では、敵の不備に乗じて出撃するならば、勝利は可能となる。しかし、もしも敵に備えがあれば、攻撃しても勝利は得られず、退却も困難となり、かえって不利な状況に陥る。

以《もっ》て往《ゆ》くべく、以て返り難《がた》きを、挂《けい》という。挂形《けいけい》は、敵に備え無《な》ければ、出でて之《これ》に勝

**挂形**▼進攻は容易だが、撤退困難な地形。「挂」は、ひっかけるの意味。▽九地篇⑸項の敵身方ともに接近容易な「交

つ。敵にもし備えあらば、出づるも勝たず、以て返り難く、利あらず（不利なり）。

［可以往、難以返、曰挂。挂形者、敵無備、出而勝之。敵若有備、出而不勝、難以返、不利］

(4) 敵にとっても身方にとっても、**侵入すれば不利となる閉塞されやすい地形**では、争っても何の決定的な利点をもたらすこともない。近づけば混戦状態に陥《おちい》る「支」である。このような地形においては、敵が弱点を見せても前進してはならない。むしろ、後退しながら敵を誘い出し、兵力の半分が出てきたところを攻撃すれば効果的である。

我れ出でて利あらず、彼れ出でて利あらざるを、支《し》という。支形《しけい》は、敵、我れを利すと雖《いえど》も、我れ出づること無かれ。引きて之《これ》を去れ。敵をして半ば出でしめて之を撃《う》たば、利あり。

---

地」参照。

**支形**▼敵身方いずれも進出すれば兵力分離を余儀なくされる機動困難な地形。

［我出而不利、彼出而不利、曰支。支形者、敵雖利我、我無出也。引而去之。令敵半出而撃之、利］

(5) **隘路《あいろ》では、先に占拠し、隘路口を封鎖して敵を待て。**もしも、敵が先にその狭隘口を占拠し守備している場合は、敵の動きに追随してはならない。しかし、まだ敵が十分に防御していない場合は、敵の動きを追って攻撃してよい。

隘形は、我れ先《ま》ず（先に）之《これ》に居り、必ず之を盈《み》たして以《もっ》て敵を待て。若《も》し、敵先ず（先に）之に居りて、盈たさば而《すなわ》ち従うこと勿《なか》れ。盈たさざれば而ち之に従え。

［隘形者、我先居之、必盈之以待敵。若敵先居之、盈而勿従。不盈而従之］

(6) **起伏に富んだ険しい地形**では、**視界と射界ともに良好で戦場を支配する制高地**を先に占拠して、敵を待て。もしも、敵が先にこのような要所を占拠している場合は、後退しながら敵を引き寄せよ。敵の動きに追随してはならない。

険形は、我れ先《ま》ず之《これ》に居り、必ず高陽《こうよう》に居りて、以《もっ》て敵を待て。若《も》し、敵先ず之に居らば、引きて之を去り、従う勿《なか》れ。

［険形者、我先居之、必居高陽以待敵。若敵先居之、引而去之、勿従也］

(7) **遠く離れた場所**に、同等の戦力の敵が展開している場合、我が軍から積極的に戦闘をしかけるのは困難で、無理に攻撃をしかけても得るものは何もない。

遠形は、勢《いきおい》均《ひと》しければ、以《もっ》て戦いを挑《いど》み難《がた》し、戦いて利あらず。

---

**遠形**▼我が軍に物資を供給する後方基地から遠距離の地で、戦力が敵身方同等ならば、戦場に選んではならない。

［遠形者、勢均、難以挑戦、戦而不利］

(8) 以上が、六種類の地形に対応するための秘訣「**地の道**」である。細心の注意を払ってこれに通じることは、将軍たる者の最大の責務である。

凡《およ》そ、此《こ》の六者は、地の道なり。将の至任《しにん》、察せざるべからざるなり。

［凡此六者、地之道也。将之至任、不可不察也］

**地の道**▼地形・地域が有する軍事的特性に対応し得る戦略・戦術的な用兵原理。

## 二　将帥が陥り易い「六つの敗の道」

(9) ところで、軍の敗北の形態には、兵士の逃亡（**走**）、不服従（**弛**）、士気喪失（**陥**）、指揮官の専断や専恣（崩）、部隊の混乱・壊滅（乱）、あるいは敗走（北）という六種類がある。このような過失は、いずれも将軍の落ち度によるものであり、決して天災ということにしてはならない。

故《ゆえ》に、兵には、走《はし》る者あり、弛《ゆる》む者あり、陥《おちい》る者あり、崩《くず》るる者あり、乱《みだ》るる者あり、北《に》ぐる者あり。凡《およ》そ此《こ》の六者は、天の災《わざわい》に非《あら》ず、将の過《あやまち》なり。

［故兵有走者、有弛者、有陥者、有崩者、有乱者、有北者。凡此六者、非天之災、将之過也］

▽本項〜⑾項は「敗《はい》の道」について論じる。**走る**▼駆けて逃亡する。**弛む**▼将帥の統率力が弱く、タガが弛む。**陥る**▼士気が低下し、窮地に陥る。**崩るる**▼将帥に対する部将の専断・専恣で組織的戦力の発揮が崩壊。**乱るる**▼将帥の指導力不足で配下の部隊が混乱する。**北ぐる**▼将帥の知謀欠落により敗北する。

⑽ **戦略・戦術的な条件に差がないのに、**十倍の兵力を擁する敵を攻撃すれば、兵士は逃亡する。これを「走」という。

夫《そ》れ、勢均《いきおいひと》しきに、一を以《もっ》て十を撃《う》つを、

—**勢均しき**▼本来は、「敵と身方の戦力が概ね同等」という意

走（走る）という。

［夫勢均、以一撃十、曰走］

⑾ **兵士は強くても将校が弱い**場合、その軍隊は命令に服さず反抗的となる。これを「弛」という。

卒《そつ》、強く、吏《り》、弱きを、弛《ち》という。

［卒強吏弱、曰弛］

⑿ **将校が勇敢であっても、兵士が無能**な場合、軍隊は士気を失う。これを「陥」という。

吏《り》、強く、卒《そつ》、弱きを、陥《かん》という。

---

味だが、本項の文脈から「戦略的・戦術的な条件が概ね同等ならば」と解する。**一を以て十を撃つ**▼十倍の戦力を有する敵を攻撃する。

**吏**▼下級将校。

「吏強卒弱、曰陥」

⒀　現場の指揮官が功名心や私憤の情から血気に駆られて、目前の敵との戦闘における勝利の可能性を自ら確認することなく、**上官の命令を待たずに勝手に独断で戦闘に突入する**場合、その軍隊は自滅する。これを「崩」という。

大吏《たいり》、怒りて服せず、敵に遇えば懟《うら》（怨）みて自ら戦う。将、其《そ》の能を知らざるを、崩《ほう》という。

「大吏怒而不服、遇敵懟而自戦、将不知其能、曰崩」

**大吏**▼高級将校。**懟み**▼怨み怒ること。己《おのれ》の器量を自覚せず、将帥の指揮命令に服することなく勝手な独断に陥ること。

⒁　**指揮官の戦意が不十分**で軍の規律を確立させることができず、その命令が不適切で、将兵に対する作戦・戦闘指導に一貫性を欠けば、その陣形は乱れ、軍隊は方向を見失って支離

滅裂となる。これを「乱」という。

将、弱くして厳ならず、教導明らかならず、吏卒《りそつ》常無く、兵を陳《つら》ぬるも縦横なるを、乱《らん》という。

［将弱不厳、教導不明、吏卒無常、陳兵縦横、曰乱］

(15) **将軍が敵情判断を誤り**、敵の大兵力に少数の兵力をあてたり、精強な部隊を劣弱な部隊で攻撃したり、あるいは、先鋒となる基幹部隊が適任でないような場合、軍隊は敗北する。これを「北」という。

将、敵を料《はか》ること能《あた》わず、少を以《もっ》て衆《しゅう》に合わせ、弱を以て強を撃ち、兵に選鋒《せんぽう》無きを、北《に》ぐるという。

---

**教導明らかならず**▼命令・指示があいまいで的確さを欠き、戦況に追従するのやむなきに至るさま。**吏卒常無く**▼将兵に対する作戦・戦闘指導に一貫性を欠くこと。**兵を陳ぬる**▼部隊の陣形に秩序がなく、雑然としているさま。**乱**▼乱脈、混乱、潰乱の「乱」。

**敵を料る**▼敵情を判断する。**選鋒**▼戦闘の主戦力となる、訓練精到にして装備が充実した基幹部隊。

「将不能料敵、以少合衆、以弱撃強、兵無選鋒、曰北」

⒃ 以上の条件のうちのどれか一つが生じると、軍隊は敗北への道をたどることになる。細心の注意を払ってこれを研究することは、**将軍の最大の責務**である。

凡《およ》そ、此《こ》の六者は、敗《はい》の道なり。将の至任《しにん》、察せざるべからざるなり。

「凡此六者、敗之道也。将之至任、不可不察也」

## 三　進んで名を求めず、退いて罪を避けず

(17) 作戦・戦闘における地形の適切な判断は、戦勝に必要不可欠である。したがって、**敵情を把握し**、**戦場の距離や難易度の相関関係を評価判定**することは、高級指揮官の戦術能力である。前述の**六つの地形的要素と六つの敗《はい》の道**を完全に知り抜いて戦う者は、必ず勝利を得る。反対に、これを知らない者は、必ず敗北する。

夫《そ》れ、地形は兵の助けなり。敵を料《はか》りて勝《かち》を制するに、険阨《けんやく》遠近を計《はか》るは、上将の道なり。此《これ》を知りて戦を用うる者は必ず勝ち、此を知らずして戦を用うる者は必ず敗る。

「夫地形者、兵之助也。料敵制勝、計険阨遠近、上将之道也。知此而用戦者必勝、不知此而用戦者必敗」

---

**地形は、兵の助け**▼地形は、作戦・戦闘における戦力発揮のための重要な補完要素である。それぞれの地形の作戦・戦術における基本的意義については、軍形篇(17)〜(19)項を参照。

(18) したがって、**第一線の部隊指揮官は、戦況が勝利を容易にするものであれば、**たとえ君主が攻撃を禁じていたとしても、これを無視して攻撃に出てもよい。反対に、**勝利が容易でなさそうな戦況の場合は、**君主が必ず攻撃しろと命じたとしても、攻撃をする必要はない。

故《ゆえ》に、戦いの道必ず勝たば、主、戦うこと無《な》かれと曰《い》うも、必ず戦いて可なり。戦いの道勝たざれば、主、必ず戦えと曰うも、戦うこと無くして可なり。

［故戦道必勝、主曰無戦、必戦可也。戦道不勝、主曰必戦、無戦可也］

▽戦場における第一線部隊の指揮官の指揮運用いわゆる統帥の権限は、何の制約も受けてはならない。戦勝の秘訣、用兵の本質である「詭道」すなわち状況即応の指揮運用は、政府の干渉・拘束があるところではなし得ないことを明示したもので、いわゆる「独断専行」の重要性を説くものである。▽謀攻篇(18)～(23)(29)項、九変篇(8)項を参照。**戦いの道**▼(17)項でいう「上将之道」すなわち(8)項の「六者、地之道」と(16)項の「六者、敗之道」とを勘案した状況判断。

(19) したがって、攻撃や追撃など**積極的な方策の提言**にあたっては**個人的な栄誉を求めず、**作戦中止や撤退など**消極的と思われる方策の提言による解任や処罰の回避**を露ほども念頭におくことなく、ただただ**部下将兵の保全と君主の利益最大化**に奉仕することを信条とする将軍は、**国の宝**である。

故《ゆえ》に、進みて名を求めず、退《しりぞ》きて罪を避けず、唯《ただ》民を是《こ》れ保ちて、利を主に合わせるものは、国の宝なり。

［故進不求名、退不避罪、唯民是保、而利合於主、国之宝也］

▽本項は、軍人の究極的な資質としての「責任観念」の重要性について、注意を喚起するものである。**進みて名を求めず**▼攻勢拡大など積極的な策案の提言を行い、己《おのれ》の個人的栄誉を得ることはしない。**退きて罪を避けず**▼軍事上の合理的な戦略や戦術の判断に基づく作戦中止や後退行動等の提言により、生ずる責任は決して回避しない。**民▼**「民」は通常、国民を示すが、本項では、部下将兵と解すべきである。**国の宝**▼国家的な緊急事態・危機・危険・戦争に対応し得る軍事指導者を得ることは、極めて重要である。

## 四　卒を視ること嬰児の如し

⑳　このような指揮官は、**部下を自分の幼児《おさなご》**のように思うから、兵士は深い谷底までも指揮官と行動をともにする。また**部下を自分の最愛の子息**のように扱うから、兵士は指揮官と死をともにする覚悟をする。

卒を視《み》ること嬰児《えいじ》の如《ごと》し。故《ゆえ》に之《これ》と深谿《しんけい》に赴《おもむ》くべし。卒を視ること愛子《あいし》の如し。故に之と倶《とも》に死すべし。

「視卒如嬰児。故可与之赴深谿。視卒如愛子。故可与之倶死」

(21) しかし、もしも指揮官が、**部下を過度に甘やかして**これを使うことができないなら、また、**可愛がるばかりで命令に従わせることができない**なら、そして、兵士を自堕落にさせてこれを掌握できないならば、その軍隊は**駄々っ子**のように役に立たないものになるであろう。

厚くして使う能《あた》わず、愛して令《れい》する能わず、乱《みだ》して治《おさ》むる能わず、譬《たと》えば驕子《きょうし》の若《ごと》し、用うべからざるなり。

「厚而不能使、愛而不能令、乱而不能治、譬若

---

▽本項と次の(21)項は、指揮官の統御（リーダーシップ）の重要性について論じるものである。**嬰児**▼幼児。**深谿**▼危険に満ちた深い谷底。

**驕子**▼手に負えない駄々っ子。

驕子、不可用也」

## 五　彼を知り己を知らば……天を知り地を知らば……

(22) もしも、指揮官が、自軍の作戦・戦闘能力だけを理解し、**敵の戦力の実態を解明**していなければ、自軍の勝利の可能性は、ほんの五十パーセントにすぎない。

吾《わ》が卒《そつ》の以《もっ》て撃《う》つべきを知りて、敵の撃つべからざるを知らざるは、勝《かち》の半《なかば》なり。

「知吾卒之可以撃、而不知敵之不可撃、勝之半也」

▽本篇(22)〜(24)項は、謀攻篇(26)項と併せ読む。

(23) 敵の弱点を見破ったとしても、**自軍に敵を撃破するだけの能力**があるかないかを判断できなければ、勝利の可能性は、ほんの五十パーセントにすぎない。

敵の撃《う》つべきを知りて、吾《わ》が卒《そつ》の撃つべからざるを知らざるは、勝《かち》の半《なかば》なり。

［知敵之可撃、而不知吾卒之不可以撃、勝之半也］

(24) 仮に撃破しやすい敵で、自軍にも撃破する能力があったとしても、**戦場の地形的な条件**がその攻撃を可能とするものであるかどうかを評価できなければ、勝利の可能性は、ほんの五十パーセントにすぎない。

敵の撃《う》つ可きを知り、吾《わ》が卒《そつ》の以《もっ》て撃つべきを知るも、而《しか》も、地形の以て戦うべからざるを知らざるは、勝《かち》の半《なかば》なり。

「知敵之可撃、知吾卒之可以撃、而不知地形之不可以戦、勝之半也」

(25) したがって、戦いの経験が豊富な将帥の行動には誤りがなく、**戦場の駆け引き**において行き詰まるところがない。

故《ゆえ》に兵を知る者は、動いて迷わず、挙《あ》げて窮《きわ》まらず。

「故知兵者、動而不迷、挙而不窮」

**兵を知る者**▼本篇で述べた「戦道」の本質を究めた将帥は……。**迷わず**▼クラウゼヴィッツがいう「将帥は、事に当たって精神の自由を保持し、その精神を以て戦場の事象を支配しなければならない」の「精神の自由」を保持すること。▽謀攻篇(24)〜(30)項を参照。

(26) したがって、「**彼を知り、己《おのれ》を知れ**」ば、危なげなく勝つことができよう。そして「**天の時、地の利**」を知れ。そうすれば、勝利を完全なものとすることができるだろう。

故《ゆえ》に曰《いわ》く、彼を知り己《おのれ》を知らば、勝《かち》、乃《すなわ》ち殆《あや》うからず。天を知り地を知らば、勝、乃ち全《まった》かるべし（全《まつと》うすべし）。

［故曰、知彼知己、勝乃不殆。知天知地、勝乃可全］

---

▽謀攻篇(31)〜(33)項、本篇(22)〜(24)項を参照。**勝乃ち全かるべし**▼「完全なる勝利とは何か」という問題提起でもある。

# 第十一章 九地篇

- 戦場特性の類別と兵力運用 (1)用兵之法
  - (2)散地、(3)軽地、(4)争地、(5)交地、(6)衢地、(7)重地、(8)圮地、(9)囲地、(10)死地
  - (11)散地、軽地、(12)争地、交地、(13)衢地、重地、(14)圮地、囲地
  - (15)散地、(16)軽地、(17)争地、(18)交地、(19)衢地、(20)重地、(21)圮地、(22)囲地、(23)死地
  - (24)九地之変、屈伸之利、人情之理、不可不察也
    - (1)〜(23)項の総括結言
  - (25)能使敵人前後不相及、衆寡不相恃
  - (26)卒離而不集、兵合而不斉
  - (27)合於利而動、不合利而止
- 呉王と孫武との問答 (28)敢問
  - 敵国進攻時の用兵原則
    - (28)敵衆整而来、先奪其所愛、則聴矣
    - (29)兵情主速、由不虞之道、攻其所不戒也
    - (30)為客之道、深入則専
    - (31)掠於饒野、三軍足食
    - (32)謹養而勿労、併気積力
    - (33)投之無所往、死且不北
    - (34)兵不修而戒 ［求／約／令］ 而 ［得／親／信］
    - (35)士無余 ［財／命］ 非悪 ［貨／寿］ 也
    - (36)令発之日 ［坐／臥］ 者梯 ［霑襟／交頤］
    - (37)諸劌之勇也
  - 戦場における組織管理
    - (38)常山之蛇、撃其 ［首／中／尾］ 則 ［尾／首尾倶／首］ 至
    - (39)呉越同舟而遇風、其相救如左右手
    - (40)方馬埋輪、未足恃也
    - (41)斉勇若一、政之道也。剛柔皆得、地之理也

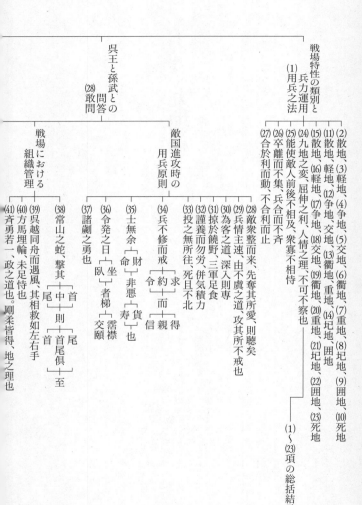

## 「第十一章　九地篇」の体系表

- 軍隊指揮官の戦場統帥
  - (42) 静以幽、正以治
  - (43) 能愚士卒之耳目、使之無知
  - (44) 禁祥去疑、至死無所之
  - (45) 易其事／革其謀　使人無識
  - (46) 易其居／迂其途　使人不得慮
  - (48) 帥与之　深、入諸侯地発機
  - (47) 聚三軍之衆、投之于険
  - (48) 深入諸侯之地、発其機
  - (49) 駆群羊、莫知所之
  - (50) 帥与之期、如登高而去其梯
- 戦場心理と統帥
  - (51) 不知諸侯之謀者、不能預交
  - (52) 伐大国、其衆不得聚、威加於敵、其交不得合
  - (53) 不争天下之交
  - (53) 不養天下之権
  - (53) 信己之私、威加於敵
    - （以上(53)）其城可抜、其国可堕
  - (54) 施／懸　無　法／政　之　賞／令　犯三軍之衆、若使一人
  - (55) 犯之以　事／利　勿告之以　言、害／投、陥　之　亡／死　地然後　存／生　衆陥於害、能為勝敗
  - (56) 順詳敵意
  - (57) 并敵一向、千里殺将、巧能成事
- 詭道戦略の具現
  - (58) 夷関折符、無通其使、厲於廊廟之上、以誅其事
  - (59) 敵人開闔、必亟入之、先其所愛、微与之期
  - (60) 践墨随敵、以決戦事
  - (61) 始如処女、敵人開戸、後如脱兎、敵不及拒

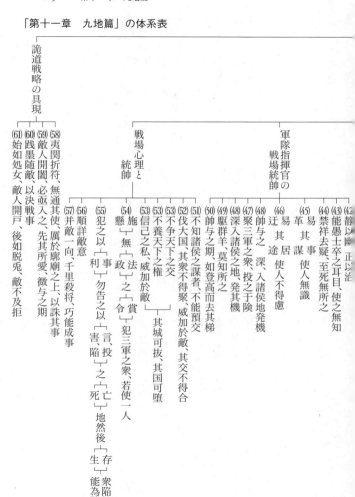

## 一　兵力運用からみた九地形の戦略・戦術的な特性

(1)　兵力運用上からみた地形の特性は、次の九つに区分できる。兵士が四散しやすい「散《さん》地《ち》」、兵士が逃亡しやすい国境近傍の「軽地《けいち》」、勝敗の鍵をなす緊要地形の「争地《そうち》」、交通・連絡の要衝である「交地《こうち》」、諸国の勢力が集中・交錯する「衢地《くち》」、進退が容易でない「重《じゅう》地《ち》」、行動困難な「圮地《ひち》」、進入しやすいが脱出困難で包囲されやすい「囲地《いち》」、そして進退ともに困難な「死地《しち》」である。

孫子曰《いわ》く、凡《およ》そ用兵の法たる、散地《さんち》あり、軽《けい》地《ち》あり、争地《そうち》あり、交地《こうち》あり、衢地《くち》あり、重《じゅう》地《ち》あり、圮地《ひち》あり、囲地《いち》あり、死地《しち》あり。

［孫子曰、凡用兵之法、有散地、有軽地、有争地、有交地、有衢地、有重地、有圮地、有囲地、有死地］

---

▽(1)～(10)項は、地形を軍事上の性格・特質に基づき九種に分類。**用兵の法**▼始計篇(6)項で「地とは遠近・険易・広狭・死生」と定義し、地形篇(1)～(8)項では軍事上・用兵上の特性と性格に従って「六形」として再構成し、さらに本篇では主として敵国に進攻した場合について、戦略戦術上の観点から「九地」について論じている。

(2) 各国が**自国領内で戦う場合**、兵士は実家や郷里に逃亡しやすい「**散地**《さんち》」にいることとなる。

諸侯、自ら其《そ》の地に戦うを散地《さんち》と為《な》す。

［諸侯自戦其地、為散地］

**散地**▼兵士が逃亡しやすい自国領内。本篇(11)(15)項を参照。

(3) **国境近くの敵国領土に進出したばかりの時機**は、兵士が逃亡して帰郷しやすい国境周辺の「**軽地**《けいち》」にいることとなる。

人の地に入りて深からざる者を、軽地《けいち》と為《な》す。

［入人之地、而不深者、為軽地］

**軽地**▼我が国境近傍の第三国領域。本篇(11)(16)項を参照。

(4) 先んじて占拠すれば、敵身方双方にとって**等しく利益をもたらす緊要な地形**は、勝敗の鍵となる「争地《そうち》」である。

我れ得れば則《すなわ》ち利あり、彼れ得るも亦《また》利ある者を、争地《そうち》と為《な》す。

［我得則利、彼得亦利者、為争地］

(5) 敵身方双方にとって、**等しく接近が容易な地形**は、交通・連絡の要衝《ようしょう》、「交地《こうち》」である。

我れ以《もっ》て往《ゆ》くべく、彼れ以て来るべき者を、交地《こうち》と為《な》す。

［我可以往、彼可以来者、為交地］

(6) ある一国の向背をめぐって、**隣接する諸国が競合しあい勢力が集中・交錯《こうさく》する地域**が

---

**争地**▼両軍の争奪の焦点となる、戦場を支配する緊要な地形。秀吉の中国大返しにおける天王山のような両軍の主要な接近経路である山陽道を制し支配する緊要な地形。▽地形篇(2)項「通形」、本篇⑿⒄項を参照。

**交地**▼敵身方ともに接近容易な経路が集約する要衝。▽地形篇(2)項「通形」、(3)項「挂形」、本篇⑿⒅項を参照。

「衢地《くち》」である。先んじてその地をいちはやく支配する者が、「天下の権」を得ることとなる。

諸侯の地三属《さんぞく》し、先《さき》に至《いた》れば、天下の衆《しゅう》を得る者を、衢地《くち》と為《な》す。

［諸侯之地三属、先至而得天下之衆者、為衢地］

**三属**▼主要な接近経路が四通している交通の要衝において、自軍の後方連絡線を除く三つが諸外国からの接近経路である状況。**先に至れば**▼先んじて確保すれば。**衢地**▼近隣諸国の勢力競合地域。▽本篇⒀⒆項を参照。

(7)　敵の防備の間隙《かんげき》をぬって**敵勢力圏の奥深く侵攻した軍隊**が、敵の重要な城塞都市、軍事拠点、重要施設等を残したまま進めば、進退が容易でない「**重地**《じゅうち》」に陥ることになる。

人の地に入ること深く、城邑《じょうゆう》を背にすること多き者を、重地《じゅうち》と為《な》す。

［入人之地深、背城邑多者、為重地］

**重地**▼本篇⑶項の「軽地」の反対の地である。▽地形篇⑵項「通形」、本篇⒀⒇項を参照。

(8) **山岳、森林、起伏の多い地域**を越えたり、山間の隘路《あいろ》や低地の湿原・沼地、その他侵入**の困難な地域**を踏破して前進しなければならない軍隊は、行動困難な**「圮地《ひち》」**に入ることになる。

山林・険阻《けんそ》・沮沢《そたく》を行くに、凡《およ》そ行き難《がた》きの道は、圮地《ひち》と為《な》す。

［行山林・険阻・沮沢、凡難行之道者、為圮地］

**圮地**▼行軍篇(10)項「天羅《てんら》・天陥《てんかん》」、本篇(14)(21)(51)項を参照。

(9) 到達もしくは進入するには狭い道を通過しなければならず、脱出するには曲がりくねった長距離の迂回路を通らねばならない地形では、**敵が少数の兵力で我が軍の大兵力をも待ち撃ちすること**が可能である。このような包囲されやすい地形を**「囲地《いち》」**という。

由《よ》って入る所の者は隘《せま》く、従って帰る所の者は迂《う》にして、彼れの寡《か》、以《もっ》て吾《わ》れの衆《しゅう》を撃《う》つべき者を、囲地《いち》と為《な》す。

**囲地**▼九変篇(5)項、地形篇(5)項「隘形」、本篇(14)(22)項を参照。

「所由入者隘、所従帰者迂、彼寡可以撃吾之衆者、為囲地」

⑽ 必死の覚悟で勇戦敢闘した場合にのみ、活路が開けるような地形を、「**死地**《しち》」という。

疾《と》く戦えば則《すなわ》ち存し、疾く戦わざれば則ち亡ぶる者を、死地《しち》と為《な》す。

「疾戦則存、不疾戦則亡者、為死地」

**死地**▼九変篇⑹項、本篇⒁㉓㉝〜㊲㊼㊾㊿(55)(56)項を参照。

⑾ したがって、兵士が四散しやすい「**散地**《さんち》」では戦ってはならない。また、兵士の逃亡を招きやすい国境近くの「**軽地**《けいち》」には駐留してはならない。

是《こ》の故《ゆえ》に、散地《さんち》には則《すなわ》ち戦うこと無かれ。軽

▽⑾〜㉓項は、九種の地勢に応じた用兵の在り方を説く。**散**

地には、則ち止ること無かれ。

［是故、散地則無戦。軽地則無止］

**地**▼本篇(2)(15)項を参照。**軽地**▼本篇(3)(16)項を参照。

(12) 勝敗の鍵を握る緊要の地形「**争地**《そうち》」を先んじて確保している敵を攻撃してはならない。交通・連絡の要衝「**交地**《こうち》」では、各隊間に間隙《かんげき》が生じないよう注意しなければならない。

争地《そうち》には則《すなわ》ち攻むること無《な》かれ。交地《こうち》には則ち絶つこと無かれ。

［争地則無攻。交地則無絶］

**争地**▼本篇(4)(17)項を参照。**交地**▼本篇(5)(18)項を参照。

(13) 諸国の勢力が集中し拮抗している「**衢地**《くち》」では、近隣諸国と同盟を結べ。敵勢力圏の奥深い「**重地**《じゅうち》」に侵攻した場合は、掠奪することなく、地域住民の民意をつかめ。

衢地《くち》には則《すなわ》ち交《まじわ》りを合わす。重地《じゅうち》には則ち掠《かす》む無かれ。

［衢地則合交。重地則無掠］

(14) 行動の困難な「圮地《ひち》」は速やかに通過せよ。包囲されやすい「囲地《いち》」では、敵の意表を衝《つ》く策を構ぜよ。「死地《しち》」においては、勇戦敢闘あるのみ。

圮地《ひち》には則《すなわ》ち行く。囲地《いち》には則ち謀《はか》る。死地《しち》には則ち戦う。

［圮地則行。囲地則謀。死地則戦］

(15) したがって、兵士が望郷の念に駆られ四散しやすくなる「散地《さんち》」では、兵士の心情を確実に掌握して志気を高揚させよ。

---

**衢地**▼本篇(6)(19)項を参照。**重地**▼本篇(7)(20)項を参照。

**圮地**▼九変篇(2)項、本篇(8)項を参照。**囲地**▼九変篇(5)項、本篇(9)項を参照。**死地**▼九変篇(6)、本篇(10)(23)(33)〜(37)(47)(49)(50)(55)(56)項を参照。

是《こ》の故《ゆえ》、散地《さんち》には、吾《わ》れ将《まさ》に其《そ》の志《こころざし》を一にせんとす。

［是故、散地吾将一其志］

(16) 兵士が逃亡しやすい国境近傍の「**軽地**《けいち》」では、各部隊の協同連携を緊密にせよ。

軽地《けいち》には、吾《わ》れ将《まさ》に之《これ》をして属せしめんとす。

［軽地、吾将使之属］

(17) 勝敗の鍵を握る緊要の地形である「**争地**《そうち》」には、後続部隊をできるだけ迅速に進めよ。

争地《そうち》には、吾《わ》れ将《まさ》に其《そ》の後《うし》ろを趨《おもむ》かせんとす。

**散地**▼本篇(2)(11)項を参照。

**軽地**▼本篇(3)(11)項を参照。

**争地**▼本篇(4)(12)項を参照。

［争地、吾将趨其後］

⒅ 交通・連絡の要衝である「**交地**《こうち》」は、防御に悔いを残さないようにせよ。

交地には、吾れ将《まさ》に其《そ》の守りを謹《つつし》まんとす。

［交地《こうち》、吾《わ》将謹其守］

交地▼本篇⑸⑿項を参照。

⒆ 各国の勢力が拮抗・交錯している「**衢地**《くち》」では、同盟国との結びつきをさらに強化せよ。

衢地《くち》には、吾《わ》れ将《まさ》に其《そ》の結《まじわ》（交）りを固《かた》くせんとす。

［衢地《くち》、吾将固其結］

衢地▼九変篇⑶項、本篇⑹⒀項を参照。

(20) 進退が容易ではない「**重地**《じゅうち》」では、後方との連絡を確保し、兵站《へいたん》補給に悔いを残さないようにせよ。

重《じゅう》地《ち》には、吾《わ》れ、将《まさ》に其《そ》の食《しょく》を継《つ》がんとす。

［重地、吾将継其食］

**重地**▼本篇(7)(13)項を参照。

(21) 行動の困難な「**圮地**《ひち》」は、迅速に通過せよ。

圮《ひ》地《ち》には、吾れ、将《まさ》に其《そ》の塗《みち》を進まんとす。

［圮地、吾将進其塗］

**圮地**▼九変篇(2)項、本篇(8)(14)(51)項を参照。

(22) 包囲されやすい「**囲地**《いち》」では、接近路と脱出路を確保せよ。

囲《い》地《ち》には、吾《わ》れ将《まさ》に其《そ》の闕《か》けたるを塞《ふさ》がんとす。

「囲地、吾将塞其闕」

**囲地**▼出入口が塞がれた包囲されやすい地形。九変篇(5)項、本篇(9)(14)項を参照。

(23)「**死地**《しち》」では、獅子奮迅の勇戦を行う以外に生存の可能性はないことを、部下将兵に徹底して覚悟させよ。将兵とは、包囲され抵抗する以外に生き残る方法がない場合は、死を賭《と》して奮戦《ふんせん》するものであり、絶体絶命の窮地《きゅうち》に陥《おちい》った場合は、指揮官の命令に、ひたすら従うものだからである。

死地《しち》には、吾《わ》れ将《まさ》に之《これ》に示すに活《い》きざるを以《もっ》てす。故《ゆえ》に、兵の情、囲《かこ》まるれば則《すなわ》ち禦《ふせ》ぎ、已《や》むを得ざれば則ち闘い、過《す》ぐれば則ち従う。

「死地吾将示之以不活。故兵之情、囲則禦、不得已則闘、過則従」

**死地**▼九変篇(6)項、本篇(10)(14)(33)〜(37)(47)(49)(50)項を参照。

## 二　九地の変、屈伸の利、人情の理が及ぼす人間心理への影響

(24) そもそも、多様な地形に応じた**戦術**の**変化**や**修正・変更**と、兵力の集中・分散のそれぞれがもつ**利点**、そして戦場における人間の行動を支配する**心理**は、将軍が細心の注意を払って考察しなければならない。

九《きゆう》地《ち》の変、屈伸《くつしん》の利、人情の理《ことわり》、察せざるべからざるなり。

［九地之変、屈伸之利、人情之理、不可不察也］

▽本項は、(1)〜(23)項までを総括する結言である。**九地の変**▼「地の道」「九地の利害」。**屈伸の利**▼「易経」に出てくる文言で、縮んだり伸びたりということから、状況に即応した進退自在、当意即妙の駆け引きのこと。**人情の理**▼人の情は、利を見ては進み、害を見ては退く。

(25) 昔から、戦いの名将といわれた者は、敵に対して、前衛と後衛の協同や連繋、大部隊と小部隊との相互支援、訓練の行き届いた部隊による訓練不十分な部隊に対する支援、上官と

部下との衆心一体の協力を阻止し、不可能にさせたものである。

所謂《いわゆる》、古《いにしえ》の善《よ》く兵を用うる者は、能《よ》く敵人をして前後相及ばず、衆寡《しゅうか》相恃《あいたの》まず、貴賤《きせん》相《あい》救《すく》わず、上下相収《おさ》めざらしむ。

［所謂、古之善用兵者、能使敵人前後相不及、衆寡不相恃、貴賤不相救。上下不相収］

**前後**▼先頭部隊と後続部隊。**衆寡**▼主力部隊と一部の部隊。
**貴賤**▼将校と下士官・兵。**上下**▼指揮系統における上下。

(26)　敵兵が分散していれば集中を妨害し、兵力が集中していれば混乱の種をまけ。

卒《そつ》、離るれば而《すなわ》ち（乃ち）集まらず、兵、合すれば而ち斉《ととの》わざらしむ。

［卒離而不集、兵合而不斉］

**卒**▼ここでは敵兵の意。**兵**▼ここでは敵の兵力の意。

(27) 戦略・戦術的に有利であれば動き、そうでなければ動いてはならない。

利に合《がっ》すれば而《すなわ》ち動き、利に合わざれば而ち止まる。

［合於利而動、不合於利而止］

▽(25)(26)項を受けるとともに、(1)〜(26)項までの結言であり、軍形篇(14)項の「勝兵は先《ま》ず勝ちて而《しか》る後に戦いを求め、敗兵は先ず戦いて後に勝《かち》を求む」と同じ考え方。

## 三 其の愛する所——クラウゼヴィッツの「重心」との対比

(28) 呉王・闔閭《こうりょ》の「隊容整然とした敵の大軍が侵攻してきた場合には、どのように対処すべきであろうか」という下問に対して孫武は、「敵が執着している**核心的利益**を奪えば、敵を意のままに動かすことができるでしょう」と応答した。

敢《あ》えて問う、敵、衆《しゅう》にして整えて将《まさ》に来らんとす。之《これ》を待つこと若何《いかん》。いわく、先《ま》ず其《そ》の

▽本項以下は、呉王の下問に対する孫武の応答の形式をとる。呉国の「対越国戦争論」であり、これまでの理論の応用

愛する所を奪わば、則《すなわ》ち聴《き》かん、と。

［敢問、敵衆整而将来、待之若何。曰、先奪其所愛、則聴矣］

(29) **速度**こそが戦に勝つための戦略・戦術的な秘訣である。敵の不備を衝《つ》け。敵が予期しない接近経路から、警戒の不十分な弱点を急襲せよ。

兵の情は速《すみ》やかなるを主とす。人の及ばざるに乗《じょう》じ、虞《はか》らざるの道に由《よ》り、其《そ》の戒《いまし》めざる所を攻むるなり。

［兵之情主速。乗人之不及、由不虞之道、攻其所不戒也］

篇である。**其の愛する所**▼戦略・戦術上の要点。クラウゼヴィッツがいう「重心」が、敵の主戦力であるのと対照的な考え方。

**兵の情**▼戦略・戦術の本質。

## 四　敵国勢力圏における軍隊統率上の注意事項

(30)　そもそも**敵地**に**深く侵攻**すれば、自軍の将兵の団結・士気・規律は自ずと強化される。そうなれば防御する敵の勝利は非常に難しい。これこそが侵攻軍の守るべき大原則である。

凡《およ》そ、客《かく》たるの道は、深く入れば則《すなわ》ち専《もっぱ》らにして、主人克《か》たず。

「凡為客之道、深入則専、主人不克」

(31)　敵が支配する**肥沃**な**地域**を攻略せよ。そうすれば自軍の補給は充分となる。

饒野《じょうや》を掠《かす》むれば、三軍《さんぐん》の食《しょく》足《た》る。

---

**客たるの道**▼敵国を戦場にする場合。

**掠むれば**▼掠奪すればという意味ではなく、肥沃な地域を占領すればの意。**饒野**▼肥沃な地域。

「掠於饒野、三軍足食」

(32) 敵地に奥深く侵攻する作戦においては、特に将兵の**補給面に配慮**し、つまらない雑用で将兵を疲労させてはならない。将兵の**士気・団結・規律を強化**し、**兵力を温存**せよ。作戦行動に関しては、**敵だけでなく身方に対しても厳重に企図を秘匿せよ**。

謹《つつし》み養《やしな》いて労《ろう》すること勿《なか》れ。気を併《あわ》せ力を積み、運兵計謀《うんぺいけいぼう》の測《はか》るべからざるを為《な》せ。

**運兵**▼軍の作戦運用。**計謀**▼作戦計画の策定。▽本篇(43)項を参照。

「謹養而勿労。併気積力、運兵計謀、為不可測」

(33) 将兵を帰郷することも逃亡することもできない死地《しち》に投ぜよ。逃亡しても死、戦っても死、という**絶体絶命の状態に投ずれば**、兵卒は死を目前にしても逃げない。深く敵地に侵入すれば、将兵は互いに協力し合い、他に生存の可能性がなくなれば必死に戦うものである。

之《これ》を往《ゆ》く所無きに投ずれば、死すとも且《か》つ北《に》げず。死せば焉《いずく》んぞ得《え》ざらんや、士人《しじん》、力を尽くす。兵士、甚《はなは》だしく陥《おちい》れば則《すなわ》ち懼《おそ》れず。往く所無ければ則ち固く、深く入れば則ち拘《こう》し、已《や》むを得ざれば則ち闘う。

［投之無所往、死且不北。死焉不得、士人尽力。兵士甚陥則不懼。無所往則固、深入則拘、不得已則闘］

(34) したがって、**敵国奥深くに投入された軍隊**は、指揮官の叱咤激励がなくても自ら警戒を怠らず、強要されなくても勇敢に闘い、進んで指揮官の掌握下に入り、命令されなくても威令は実行される。

是《こ》の故《ゆえ》に、其《そ》の兵は修《おさ》めずして戒《いまし》め、求めずして得《え》、約《やく》せずして親《した》しみ、令《れい》せずして信な

---

**死**▼「死に直面し」「必死になれば」。▽九変篇(6)項、本篇(10)(14)(23)(34)～(37)(47)(49)(50)(55)(56)項を参照。**士人**▼将兵。**甚だしく陥れば**▼切羽詰まった状況に置かれれば。**則ち拘し**▼手を繋ぎ合い。

**其の兵は修めず**▼兵士たちには教えてもいないのに。**戒め**▼行動を自戒して。**求めずして得**▼求めなくても意図どおり動

り。

［是故、其兵不修而戒、不求而得、不約而親、不令而信］

(35)このような**絶体絶命の戦況下に投入された場合**に、将兵たちが命を惜しまず闘うのは、余計な財貨を所持しようとしなくなるからではない。彼らが世俗的な財貨を軽蔑しているからでもない。また、彼らが長生きを望まなくなるからではない。それはただ、財貨・長寿に未練を残さず闘うからである。

吾《わ》が士に余財《よざい》無《な》きは、貨《か》を悪《にく》むには非《あら》ざるなり。余命無しとするは、寿《じゅ》を悪むには非ざるなり。

［吾士無余財、非悪貨也。無余命、非悪寿也］

---

き。**約せずして親しみ**▼誓約などなくても親しく接する。**令せずして信**▼法令をつくらなくても信頼を寄せる。

**貨を悪む**▼金（財貨）を嫌う。

(36) 出陣の命令が下った日の将兵たちは、座っている者は涙が襟を濡らし、横たわる者は涙が頬《ほほ》を伝わり流れる。

令《れい》、発するの日、士卒《しそつ》、坐《ざ》する者は、涕《なみだ》、襟《えり》を霑《うるお》し、偃臥《えんが》する者は、涕、頤《あご》に交《まじ》わる。

［令発之日、士卒、坐者涕霑襟、偃臥者涕交頤］

**偃臥する**▼横向きに寝る。

(37) したがって、そのような**戦場心理**にある将兵を出口のない死地《しち》に投じたならば、彼らは、勇士といわれた専諸《せんしょ》や曹劌《そうけい》のように獅子奮迅の闘いをするであろう。

之《これ》を往《ゆ》く所無《な》きに投ずれば、諸《しょ》・劌《けい》の勇なり。

［投之無所往者、諸劌之勇也］

**諸・劌**▼勇士といわれた専諸と曹劌。

## 五　卒然とは常山の蛇

(38)　したがって、名将が指揮する軍隊は、**常山《じょうざん》の蛇**のように「身体のすべてを使って闘う」であろう。この蛇は、頭を撃たれたならば尾をもって攻撃し、尾を撃たれれば頭で、また、胴を撃たれれば、頭と尾の双方を用いて反撃する。

故《ゆえ》に、善《よ》く兵を用うる者は、譬《たと》えば率然《そつぜん》の如《ごと》し。率然とは常山《じょうざん》の蛇なり。其《そ》の首を撃《う》てば則《すなわ》ち尾至り、其の尾を撃てば則ち首至り、其の中を撃てば則ち首尾倶《とも》に至る。

［故善用兵者、譬如率然。率然者常山之蛇也。撃其首則尾至、撃其尾則首至、撃其中則首尾倶至］

▽本項は、軍隊をあえて死地《しち》に投じた場合の戦闘指導の秘訣。**常山**▼北京の西南方二百キロメートルにある五岳の中の北岳恒山《こうざん》。

(39) 呉王は、「将と兵を、この常山の蛇のように瞬時にして一致協力させうるような部隊指揮は、可能であろうか」と下問した。孫武は即座に「可能です」と答えた。「なぜなら、呉人と越人のように激しく憎みあっている間柄であっても、もし嵐に翻弄《ほんろう》される舟に同乗した場合には、左右の手の如く助け合うものだからです」と。

敢《あ》えて問う。兵は率然《そつぜん》の如《ごと》くならしむべきか。曰《いわ》く、可なり。夫《そ》れ、呉人と越人とは相悪《にく》むものなり。其《そ》の舟を同じうして済《わた》り、風に遇《あ》うに当たりては、其の相救うや、左右の手の如し。

［敢問、兵可使如率然乎。曰可。夫呉人与越人相悪也。当其同舟而済遇風、其相救也、如左右手］

---

(40) したがって、馬に足枷《あしかせ》をはめ、戦車の車輪を地中に埋めるといったような、兵を信頼し

ない指揮運用は、頼むに価《あたい》しない。

是《そ》の故《ゆえ》に、方馬埋輪《ほうばまいりん》は、未《いま》だ恃《たの》むに足《た》らざるなり。

［是故、方馬埋輪、未足恃也］

**方馬埋輪**▼馬に足枷《あしかせ》をはめ、戦車の車輪を地中に埋めて、防御の陣地編成を行うこと。▽謀攻篇⒆〜(23)項。九変篇⑻項を参照。

(41)　全軍の兵士の勇気を、等しく一定の水準に保つことは、**軍隊統御の要**である。**剛の衝撃力（逆襲）**と**柔の吸収力（防御）**の両者を統合して最大限に活動させるのは、**地形の適切な戦術的活用**による。

勇《ゆう》を斉《ととの》え一の若《ごと》くするは、政《せい》の道なり。剛柔、皆《みな》得るは、地の理なり。

［斉勇若一、政之道也。剛柔皆得、地之理也］

**剛柔、皆得るは**▼陣地組織による防御と逆襲の効果を最大限に活用する。

## 六　士卒の耳目を愚にし

(42)　名将は、冷静沈着に落ち着きはらい、測り知ることのできない深い智慧を蔵し、公明正大で偏見のない判断力を持し、よく自分自身を制御し得る者でなければならない。

将軍の事は、静《せい》にして以《もっ》て幽《ゆう》、正《せい》にして以て治《おさ》む。

［将軍之事、静以幽、正以治］

**将軍の事**▼本篇(41)項と同じく、軍の統御を意味する。**静**▼冷静沈着。**幽**▼深謀遠慮。**正**▼公明正大。**治む**▼理路整然。

(43)　名将は、自己の作戦、戦闘の企図・構想は、**部下の将兵にも厳重に秘匿**しなければならない。これは**対情報戦**（**カウンター・インテリジェンス**）の**秘訣**である。

能《よ》く士卒の耳目《じもく》を愚《おろか》にし、之《これ》をして知ること無《な》からしむ。

［能愚士卒之耳目、使之無知］

**士卒の耳目を愚かにし**▼兵士にわからないようにする。機密保持の根本原理、「敵を欺かんと欲すれば、先ず身方を欺け」の意。本篇(32)項を参照。

(44) **迷信のような習慣を禁じて**、兵の迷いを取り去れ。そうすれば、死の危機が迫っても、精神的な混乱は生じないであろう。

祥《しょう》を禁じ疑《うたがい》を去れ、死に至るも之《ゆ》く所無《な》し。

［禁祥去疑、至死無所之］

(45) 従来の戦術・戦法を変え、**作戦に変化を取り入れよ**。そうすれば、誰もその企図を察知できなくなるだろう。

其《そ》の事を易《か》え、其の謀《はかりごと》を革《あらた》め、人をして識《し》ること無《な》からしむ。

［易其事、革其謀、使人無識］

**其の事を易え**▼慣用戦法踏襲の弊に陥《おちい》らないよう、絶えず戦術・戦法を革新する。

(46) **前進の目標を秘匿し、経路を適宜変更せよ。**そうすれば、敵は、作戦の企図を見抜くことが不可能となる。

其《そ》の居を易《か》え、其《そ》の途《みち》を迂《う》にし、人をして慮《おもんぱか》ることを得ざらしむ。

［易其居、迂其途、使人不得慮］

**其の居を易え**▼兵力配備が定型化の弊に陥《おちい》らないよう、絶えず兵力配備を革新する。

(47) 軍を一つにまとめて、**絶体絶命の状態に投ずることは、**将軍の務めである。

三軍の衆《しゅう》を聚《あつ》め、之《これ》を険《けん》に投ずる、此《こ》れを将軍の事と謂《い》うなり。

［聚三軍之衆、投之於険、此謂将軍之事也］

▽本項は、本篇(50)項の後に位置させ、さらに(24)項を続けさせると、理解が容易になる。すなわち「三軍の衆を聚めて、之を険に投ずる、此れを将軍の事と謂うなり。九地《きゅうち》の変、屈伸《くっしん》の利、人情の理《ことわり》、察せざるべからざるなり」と続けさせる。なお本篇は、前の(46)項までが、「三軍を険に投ずる」作戦における用兵の秘訣と統御の要道を説くものであり、一方、次の(48)項以降は、武力戦勃発以降の武力戦指導、戦況即応の戦闘指導の秘訣を説くものである。

## 七　指揮官は己の企図は部下将兵にも漏らすな

(48)　軍隊を敵地の奥深くまで侵攻させたなら、**指揮官は部下の将兵に己《おのれ》の企図を明示せず**に、羊を放牧するように自在に行動させよ。

帥《ひき》いて之《これ》と深く諸侯の地に入り、而《しこう》して其《そ》の機を発す。

**其の機を発す**▼勢篇(15)(16)項の「是《こ》の故《ゆえ》に、善《よ》く戦う者は、其《そ》の勢《せい》や険《けん》にして、其の節は短し。勢は弩《いしゆみ》を彍《は》るが如《ごと》くし、節

［帥与之深入諸侯之地、而発其機］

⑷⑼　戦闘開始にあたっては、自軍の舟艇《しゅうてい》を焼き払い、炊事道具を破壊し、退路を断ち、背水の陣を敷け。そうすれば、兵士の覚悟は決まり、羊の群れのように**指揮官の意のままに動**くこととなり、敵身方の誰であっても、将軍が本当はどこに進もうとしているのかを、察知できなくなるであろう。

舟を焚《た》き釜を破れ。群羊《ぐんよう》を駆《か》るが若《ごと》し。駆りて往《い》き駆りて来るも、之《ゆ》く所を知る莫《な》し。

［焚舟破釜。若駆群羊。駆而往駆而来、莫知所之］

⑸⑽　軍隊を統率し戦いに臨んだなら、梯《はしご》を外すように退路を断ち、部下将兵たちに**必死敢闘**

---

は機を発するが如くす」の意。

**舟を焚き釜を破れ**▼「其の機を発する如くする」ための方策の一つ。**之く所を知る莫し**▼戦闘開始後においても、自軍の企図、主たる攻撃の正面がどのあたりにあるかを敵、身方ともに察知させないこと。本篇⑽⒁(23)(33)〜(37)(47)(50)(55)(56)項を参照。

**の覚悟を決めさせよ。**

帥《ひき》いて之《これ》と期《き》するや、高きに登りて其《そ》の梯《はしご》を去るが如《ごと》くす。

［帥与之期、如登高而去其梯］

**帥いて之と期する**▼軍を統率して戦いに臨めば。▽九変篇⑹項、本篇⑽⒁㉓㉝〜㊲㊼㊾55 56項を参照。

## 八　諸侯の謀を知らざる者は、あらかじめ交わるべからず

(51)　**周辺諸国の意図・動向**を知らない者は、必要な時機に同盟を結ぶことはできない。敵国の山林・危険な隘路《あいろ》・湿地・沼沢地のような、**作戦地域の戦術的な特性**を把握していない将軍は、軍を展開することはできない。その**土地の者を道案内**に用いることができない将軍は、地形を活用することができない。この三要素のうちの一つでも見落とす将軍には、天下の覇者となるべき王の軍隊を指揮する資格はない。

是《こ》の故《ゆえ》に、諸侯の謀《はかりごと》を知らざる者は、預《あらかじ》め交《まじ》わること能《あた》わず。山林・険阻《けんそ》・沮沢《そたく》の形を知らざる者は、軍を行《や》ること能わず。郷導《きょうどう》を用いざる者は、地の利を得ること能わず。此《こ》の三者は、一を知らざるも、覇王《はおう》の兵には非《あら》ざるなり。

［是故、不知諸侯之謀者、不能預交。不知山林・険阻・沮沢之形者、不能軍。不用郷導者、不能得地利。此三者不知一、非覇王之兵也］

(52) さて、**覇王《はおう》が強国を攻撃する場合**は、まず敵を兵力の集中が不可能な態勢に陥《おちい》らせ、また敵に脅威を与えて同盟国の支援行動を不可能にする。

夫《そ》れ、覇王《はおう》の兵、大国を伐《う》たば、則《すなわ》ち其《そ》の衆《しゅう》を聚《あつめ》るを得ず、威《い》を敵に加うれば、則ち其の

---

**諸侯の謀**▼近隣諸国の政治指導者の本音、腹の内。**預め交わる**▼武力戦の効果的遂行を、政治・外交面で一体的にフォローする。**郷導**▼土着の道案内者。**山林・険阻・沮沢**▼行軍篇(10)項、本篇(8)(14)(21)項を参照。

▽謀攻篇(4)項「上兵《じょうへい》は謀《はかりごと》を伐《う》つ」、軍形篇(10)項「勝ち易きに勝つ」、勢篇(21)項「人に責《もと》めず」を、政戦略的にはいかな

交わりを合わすを得ず。

「夫覇王之兵、伐大国、則其衆不得聚、威加於敵、則其交不得合」

(53) したがって、覇王《はおう》は、敵の強大な宗主国と抗争することもなく、他国の力に依存することもない。当面の敵を制圧するのに十分な自己の能力だけを頼みとして、目的を達成する。それゆえ、敵の城塞都市の攻略も、敵国の打倒も可能となる。

是《こ》の故《ゆえ》に、天下の交わりを争わず、天下の権《けん》を養わずして、己《おのれ》の私を信《の》(伸)べ、威、敵に加わる。故に、其《そ》の城抜くべく、其の国隳《やぶ》(壊)るべきなり。

「是故、不争天下之交、不養天下之権、信己之私、威加於敵。故其城可抜、其国可隳」

---

る情勢にあるか、具体的に説いたもの。**大国を伐たば**▼「威加於敵」と同義。

**天下の交わりを争わず**▼敵の宗主国との直接的な抗争を回避すれば、全面戦争に至る危機を減少し、懸案事項の局地的な解決の可能性が増大する。**天下の権養わず**▼「不争天下之交」と同義。**己の私を信べ**▼思うように振る舞う。

(54) 法規や慣例にとらわれることなく褒美を与えよ。慣例にこだわらない**抜擢人事**を行え。そうすれば、全部隊を、一人の兵士を取り扱うように動かすことができるだろう。

無法の賞を施《ほどこ》し、無政の令《れい》を懸《か》く。三軍の衆《しゅう》を犯《もち》うること、一人を使うが若《ごと》し。

［施無法之賞、懸無政之令。犯三軍之衆、若使一人］

**無法の賞**▼信賞は必罰とともに軍隊統御の秘訣であり、危機的事態にあっては、常法すなわち法令規則を超えた重賞を与える必要がある。**無政の令**▼法令規定を超えた人事の刷新を行う。

(55) **自分の企図を知らしめることなく**軍隊を配備展開させよ。勝利を獲得しようとするならば、**前途の危険を示すことなく**軍隊を進軍させよ。配下の部隊を全滅の危険性が大きな地域（死地《しち》）に進軍させよ。克服する努力をする。軍隊を死地に進軍させよ。そうすれば、将兵は危機を克服する努力をする。兵士は生還のための努力をする。なぜならば、軍隊というものは、このような危機的な状況に追い込まれてこそ、決死の努力で勝敗を逆転させようとするものだからである。

之《これ》を犯《もち》うるには事を以《もつ》てし、告ぐるに言を以てする勿《なか》れ。之を犯うるには利を以てし、告ぐるには害を以てする勿れ。之を亡地に投じて然《しか》る後に存し、之を死地《しち》に陥《おとしい》れて然る後に生く。夫《そ》れ、衆《しゅう》は害に陥《おちい》りて然る後に能《よ》く勝敗を為《な》す。

［犯之以事、勿告以言。犯之以利、勿告以害。投之亡地然後存、陥之死地然後生。夫衆陥於害、然後能為勝敗］

**之を犯うるに事を以てし、告ぐるに言を以てする勿れ**▼軍隊に対する命令においては、作戦目的や任務は、明確に示さなければならないが、その理由を詳細に説明するべきではない。**亡地**▼そのままの状態では、全滅の危険性が大きな地域。**死地**▼九変篇⑹項、本篇⑽⒁㉓㉝～㊲㊼㊾㊿56項を参照。

## 九　始めは処女のごとく、後は脱兎のごとく

(56)　さて「死地《しち》」における作戦成功の秘訣は、敵の企図を察知しながらも敵にはその術中に陥《おちい》ったように思わせることである。

故《ゆえ》に、兵を為《な》すの事は、敵の意に順詳《じゅんしょう》するに在り。

［故為兵之事、在於順詳敵之意］

(57)敵の行動に自軍の行動を合わせることにより、敵を自軍の望む方向に誘導し、その一方で、自軍は敵に悟られることなく兵力を集中せよ。そうすれば、千里離れた敵将であっても、討ち取ることができるだろう。これこそが、「詭道」によって目的を達する者といえる。

敵に并《あわ》せて一向《いっこう》せしめ、千里にして将を殺す。此《こ》れを、巧《たく》みに能く事を成《な》す者と謂《い》うなり。

［并敵一向、千里殺将、此謂巧能成事者也］

---

**敵の意に順詳し**▼敵情の解明、特に敵の作戦企図を見破り、これに佯《いつわ》り順《したが》う策。南北朝時代の武将、楠正成が、九州から大兵力で東上する足利尊氏軍を迎え討つにあたり、いったん首都（京都）を放棄し、京都占領を果たした足利軍の弱点を撃《う》つべきとした献策などが、典型的な事例である。

**敵に并せて一向**▼二通りの解釈がある。いずれも「敵の意に順詳する」のであるが、敵の主たる関心・戦力を一向させて、自らは敵の弱点に乗ずるのであって、「一向する」のは、敵軍である。これに対し、和訳は「一向する」のは自軍であるとしている。

(58)　したがって、**開戦の決断をしたならば**、関所を閉じ、通行証を無効にし、敵国の使者との関係は一切絶ち、国家の首脳陣に戦争計画の実行を決意させよ。

是《こ》の故《ゆえ》に、政《まつりごと》挙《あ》がるの日は、関《かん》を夷《ふさ》ぎ符《ふ》を折《お》りて、其《そ》の使いを通すこと無《な》し。廊廟《ろうびょう》の上に厲《はげ》みて、以《もっ》て其の事を誅《せ》む。

［是故、政挙之日、夷関折符、無通其使。厲於廊廟之上、以誅其事］

**政挙がるの日**▼開戦の意思決定が行われ、作戦命令が下される日。**厲みて**▼精励する。**其の事を誅む**▼「其の事」とは、本篇(28)項にいう「先《ま》ず其《そ》の愛する所を奪う」ために、敢《あ》えて将兵を死地《しち》に投じる武力戦・作戦計画のこと。「誅《せ》む」とは、一般的には、責める・責任を取らせる・研究決定する等々の解釈があるが、本項では、作戦の必成を期するため、あらかじめ策定しておいた諸々の計画の具現徹底を図る（管理運営する）の意。

(59)　敵に隙《すき》があれば、速やかにその**戦機**を捉えて、**敵の機先を制して敵の重心を攻撃せよ**。作戦開始の**時機は**、**常に秘匿**しておかねばならない。

敵人、開闔《かいこう》すれば、必ず亟《すみ》やかに之《これ》に入る。其《そ》の愛する所を先にす、微《ひそ》かに之を期す。

**開闔**▼敵が弱点を暴露すること。**亟やかに之に入る**▼戦機を敏速に捕捉して攻撃する。**微かに之に期す**▼秘密裡に作戦開

「敵人開闔、必亟入之。先其所愛。微与之期」

始の時機を決定する。

(60) 戦勝の秘訣は、本来の武力戦計画に従って、敵と身方双方の**国力・戦力を比較考量**して対処することにある。

墨《ぼく》を践《ふ》みて敵に随《したが》い、以《もっ》て戦事を決す。

「践墨随敵、以決戦事」

**墨を践み**▼「兵法の奥儀書に従って」ということから、本来の作戦計画に従っての意。**戦事を決す**▼勝敗を決する。

(61) そのためには、始めは処女のごとく**慎重**であれ。そして、敵が隙を見せたならば、脱兎《だっと》のごとく**敏捷**であれ。そうすれば、敵の抵抗は不可能となるだろう。

是《こ》の故《ゆえ》に、始めは処女の如《ごと》くす。敵人、戸を開けば、後は脱兎《だっと》の如くす。敵、拒《ふせ》ぐに及ば

▽本項は、一般的な用兵の秘訣ではなく、強者が「先ず其《そ》の愛する所を奪う」ために、敢えて将兵を死地《しち》に投じる場合の作戦

ず。

［是故、始如処女。敵人開戸、後如脱兎。敵不及拒］

---

の秘訣というものである。つまり、本篇(56)(57)項の「兵を為《な》すの事は、敵の意に順詳《じゅんしょう》するに在り。敵に并《あわ》せて一向《いっこう》せしめ、千里にして将を殺す」作戦の秘訣として述べたものであり、(60)項の「墨《ぼく》を践《ふ》みて敵に随《したが》い、以《もっ》て戦事を決す」と同義である。

# 第十二章　火攻篇

前半：火攻・水攻

- (1)（火攻の種類）火攻有五
  - (1)火人
  - (1)火積
  - (1)火輜
  - (1)火庫
  - (1)火隊
- (2)（火攻の条件）行火必有因
  - (3)煙火必素具
  - (4)発火有時、(5)時者天之燥也
  - (4)起火有日、(5)日者月在
    - 箕（東北方）
    - 壁（西北方）
    - 翼（東南方）
    - 軫（南東方）
    - 此四宿者、風起日也
- (6)（火攻に対応する行動形態）火攻、必因五火之変而応之
  - (7)火発於内、則早応之於外
    火発兵静者、待而勿攻
  - (8)極其火力、可従而従之、不可従而止
  - (9)火可発於外、無待於内。以時発之
  - (10)火発上風、無攻下風
  - (11)昼風久、夜風止

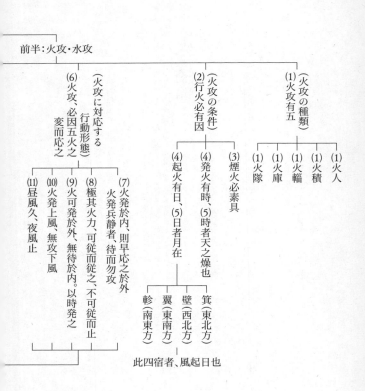

## 「第十二章　火攻篇」の体系表

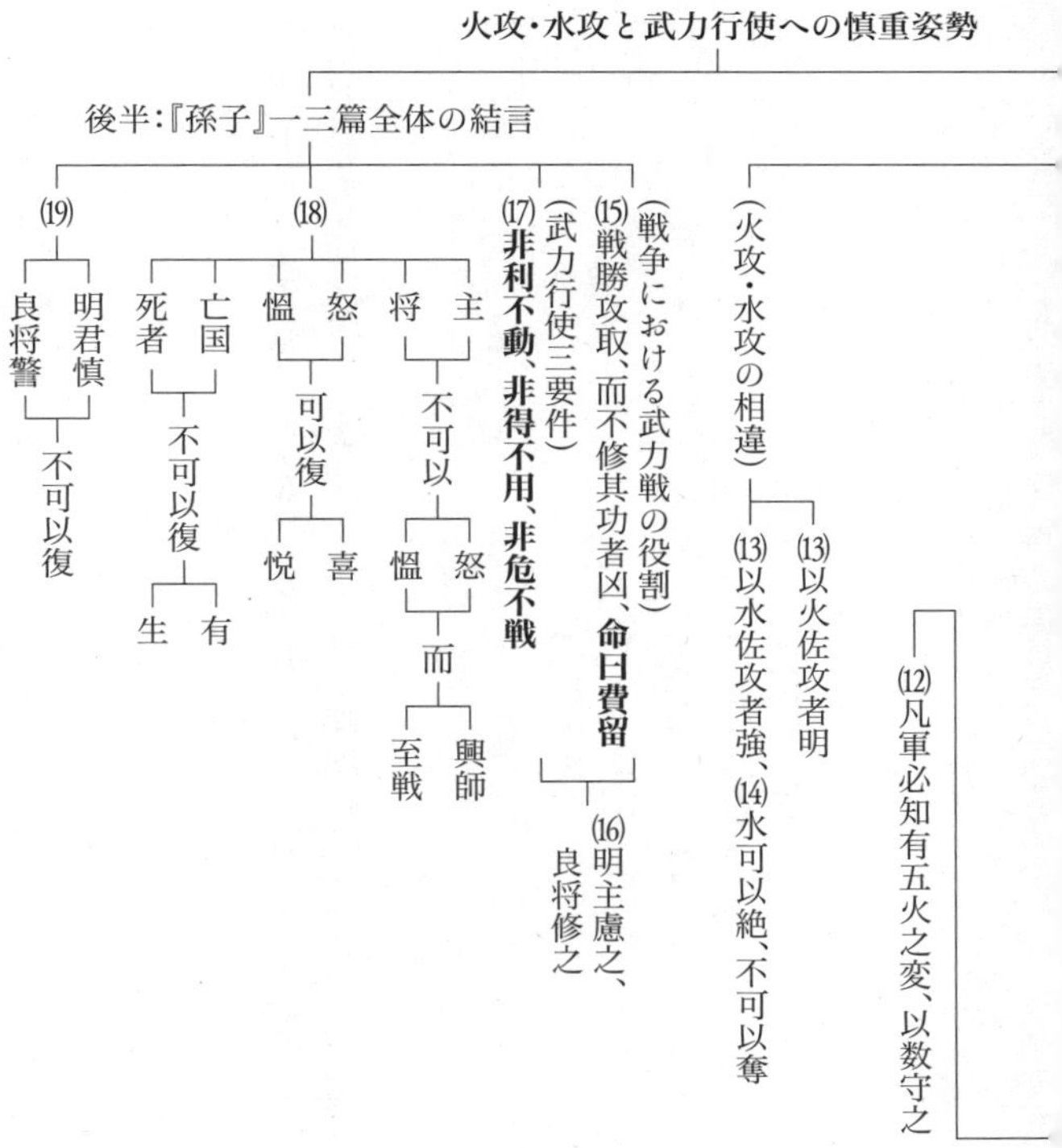

# 一　火攻の種類と条件

(1) 火攻めには五種類ある。第一は、敵の将兵および住民地域を焼く「火人《かじん》」、第二は、敵後方に集積せる兵站《へいたん》基地を焼く「火積《かし》」、第三は、敵の兵站輸送部隊を焼く「火輜《かし》」、第四は、敵の前方兵站集積所を焼く「火庫《かこ》」、第五は、陣地・駐屯地を焼く「火隊《かたい》」。

孫子曰《いわ》く、凡《およ》そ火攻には五あり。一に曰く火人《かじん》、二に曰く火積《かし》、三に曰く火輜《かし》、四に曰く火庫《かこ》、五に曰く火隊《かたい》。

［孫子曰、凡火攻有五。一曰火人、二曰火積、三曰火輜、四曰火庫、五曰火隊］

▽本篇は、⑭項までが、「火攻め・水攻め」を論じ、⑮項以降は、『孫子』全十三篇全体の結言であり、始計篇で述べた孫武の戦争観、戦略・戦術思想に呼応するものといえる。**火人**▼大衆の居住地、軍の駐屯地、あるいは城壁で防備された都市等を焼く。**火積**▼敵後方の軍需品の集積所等の後方兵站《へいたん》基地を焼く。**火輜**▼後方から最前線への軍需品を輸送中の兵站輸送部隊を焼く。**火庫**▼第一線の軍需品集積所を焼く。**火隊**▼戦闘部隊を焼く。

(2)　火攻めを行うには、いくつかの必要条件がある。

火を行うには必ず因《いん》あり。

［行火必有因］

(3)　火攻め用の資器材は、常時、使用可能な状態で準備しておかなければならない。

煙火《えんか》は、必ず素《もと》より具《そな》う。

［煙火必素具］

(4)　火攻めには、それに適した**時節**と**日時**がある。

**因あり**▼「因」を、火攻めを行うにあたり守るべき必要条件とする解釈が多いが、浅野裕一は、あらかじめ培養しておいた敵陣内の内応者や、自軍が投入した破壊工作員との協同策応を重視している。

**必ず素より具う**▼「具」を火攻め用の資器材とする解釈が多いが、浅野裕一説では、準備しておく、そろえておくの意とし、あらかじめ破壊工作員や内応者を配備しておく、とも解釈できる。

発火を発するには時あり、火を起こすには日あり。

［発火有時、起火有日］

(5)（火攻めに適した）時節とは、気候が乾燥しているときである。日時とは、月が東北東・北北西・南南東・南東の四方向に入るときのことである。なぜならば、月がこの方向に位置する時刻に、風が吹くからである。

時とは天の燥《かわ》けるなり。日とは、月の箕《き》・壁《へき》・翼《よく》・軫《しん》に在るなり。凡《およ》そ、此《こ》の四宿《よんしゆく》は、風起《ふうき》の日なり。

［時者天之燥也。日者月在箕壁翼軫也。凡此四宿者風起之日也］

---

**箕・壁・翼・軫**▼中国の天文学で用いられた二十八宿（星座）中の四星座で、東・北・南の三方にあり、月がこの方向にあれば風が起こるといわれた。

## 二　五火の変に応ずる戦術行動

(6) そもそも火攻めにおいては、五種類の火攻めによって生じる戦況の変化に即応する戦術行動が肝心である。

凡《およ》そ火攻は、必ず五火の変に因《よ》って、之《これ》に応ず。

［凡火攻、必因五火之変而応之］

**五火の変**▼敵の動静によって用いる五種の火攻法で、(1)項でいう「人・積・輜・庫・隊」の五種類の火攻めの目標に応じるものという意味のほか、次の(7)～(10)項にいう火攻め実施時の敵の動静によって用いる五種類の法とする場合もある。

(7) 自軍が仕掛けた火攻めの効果が敵陣内にあがった場合には、機を逸することなく**敵陣の外から組織的な対応**をし、戦果の拡大を図るべきである。しかし、敵陣内の動静に変化がない場合には、敵情が確認できるまで、積極的な行動を控えよ。

火、内に発すれば、則《すなわ》ち早く之《これ》に外より応ぜよ。火、発して兵静かなる者は、待ちて攻むる勿《なか》れ。

［火発於内、則早応之於外。火発兵静者、待而勿攻］

(8) 敵陣内における火攻めの効果が拡大し、**攻撃の戦機が到来すれば**、積極果敢に攻撃せよ。そうでない場合は、軽々しく攻撃してはならない。

其《そ》の火力の極《きわ》まるや、従うべければ而《すなわ》ち之《これ》に従い、従うべからざれば而ち止む。

［極其火力、可従而従之、不可従而止］

---

**其の火力の極まる**▼火攻めの効果を見極めるべきであると解釈した。

(9) **敵陣外から火攻めが可能な場合**には、敵陣内の内応者や自軍の特殊工作員の破壊活動などに依存する必要はない。戦機を見抜いて、攻撃を敢行せよ。

火、外より発すべくんば、内に待つことなかれ。時を以《もっ》て之《これ》を発せよ。

［火可発於外、無待於内、以時発之］

**内に待つ▼**敵の勢力圏内に潜入した自軍の特殊破壊工作員。

(10) 風上に火の手があがった場合は、風下から攻撃してはならない。

火、上風に発せば、下風を攻むる無《な》かれ。

［火発上風、無攻下風］

(11) 昼間に吹く風は、夜には止む。

昼風久しければ、夜、風は止む。

［昼風久、夜風止］

⑿　したがって軍隊は、このような**五種の火攻め**に応ずる**五つの戦況**が生ずることを理解・認識して、常に警戒と準備態勢を整えていなければならない。

凡《およ》そ、軍は必ず五火の変あるを知り、数を以《もっ》て之《これ》を守る。

［凡軍必知有五火之変、以数守之］

---

**数を以て之を守る**▼「数」とは、理法、法則、技法のことで、五火の変に応じる術策のことである。

## 三　火攻めと水攻め

(13)　火攻めを攻撃の補助手段として用いる者は、**戦機を敏捷に察知し捉える能力**がなければならない。一方、水攻めを用いる者は強靭な戦力を有していなければならない。

故に、火を以《もっ》て攻を佐《たす》くる者は明《めい》なり。水を以て攻を佐くる者は強なり。

［故以火佐攻者明。以水佐攻者強］

**明、強**▼一般に、火攻めを攻撃の補助的手段として用いた場合の戦術的な効果は、戦場における勝利に直結する傾向が大きいが、水攻めの場合は、効果が直接的ではなく、戦闘が長期化しがちであり、敵身方ともに後害を蒙《こうむ》る恐れがある。

(14)　水攻めは、敵の戦術行動を阻害することはできるが、武器・装備品・糧食などの**物的戦力を破壊することはできない**。

水は以《もっ》て絶《た》つべきも、以て奪うべからず。

―▽水攻めの効果は、火攻めのように決定的ではなく、長期の

「水可以絶、不可以奪」

持久戦に耐え得る圧倒的な国力・戦力を有する強者、あるいは政戦略的に著しく優勢にある者にして、初めて用い得る。

## 四　費留、利に非ざれば動かず、得るに非ざれば用いず、危きに非ざれば戦わず

⒂　そもそも敵の野戦軍を撃破し、狙った地域目標を占領できたとしても、その軍事的な成果を戦争目的達成のために有効・適切に生かすことができなければ、それは「無名の師」（**意義の無い武力行使**）である。これを名付けて「**費留**《ひりゆう》」すなわち「時間の浪費」とか、「**骨折り損のくたびれ儲け**」という。

夫《そ》れ、戦えば勝ち攻むれば取るも、其《そ》の功を修めざる者は凶なり。命《なず》けて費留《ひりゆう》という。

「夫戦勝攻取、而不修其功者凶。命曰費留」

▽本項以下は、火攻篇に属してはいるが、『孫子』全体の総結言ともいうべき重要事項であって、何故この大事な総結言が本篇に在るのか、未だに結論は見出せない。**其の功を修めざる**▼戦勝攻取の成果を、戦争目的の達成のために活用しな

いこと。**費留**▼空費滞留。グリフィスは、「非経済的遅滞」(wasteful delay) としている。筆者は、敢えて「骨折り損のくたびれ儲け」といいたい。

(16) したがって平時から「**費留**《ひりゅう》」に留意している賢明な政治指導者は**大戦略的な視点**から「戦争指導計画」を、賢良な軍事指導者は**軍事戦略的な視点**から「武力戦指導計画」を、両者統合し、一体化した有機的なものとして策定しておかなければならない。

故《ゆえ》に曰《いわ》く、明主は之《これ》を慮《おもんぱか》り、良将は之を修《おさ》む、と。

［故曰、明主慮之、良将修之］

(17) **国家の戦争目的達成に寄与しない武力行使**は行ってはならない。**軍事的勝利の可能性のない武力行使**は行ってはならない。他に対応の手段方法がない**危急存亡**の時でなければ、武力行使を行ってはならない。

利に非《あら》ざれば動かず、得るに非ざれば用いず、危うきに非ざれば戦わず。

［非利不動、非得不用、非危不戦］

▽始計篇冒頭の「兵は国の大事なり。死生の地、存亡の道、察せざるべからざるなり」に呼応し、国家がその政策遂行の手段として、武力を行使することの適否を考察するための準拠すなわち武力行使の要否・可否を決定するための三要件を明示するのが、本項である。

⑱ 政治指導者は、一時の激情に駆られて武力戦を起こしてはならない。軍事指導者は、怨念の情に駆られて武力を行使してはならない。**戦争目的の達成に寄与**する武力行使は許容されれ、寄与しない武力行使は行われない。なぜなら、怒りのあとで平静に戻ることも、不満の心（怨念）を充ち足りた心に戻すことも可能であるが、**一度滅んだ国を再興させ**ることや、**死者を生き返らせること**は不可能だからである。

主は怒りを以《もっ》て師《し》を興《おこ》すべからず。将は慍《いきどお》りを以て戦いを致すべからず。利に合して動き、利に合せずして止まる。怒りは以て復《ま》た喜ぶべく、慍りは以て復た悦《よろこ》ぶべきも、亡国は以て復た存すべからず。死者は以て復た生くべからず。

［主不可以怒而興師、将不可以慍而致戦、合於利而動、不合於利而止、怒可以復喜、慍可以復悦、亡国不可以復存、死者不可以復生］

---

(19)　したがって賢明な政治指導者は**慎重**であり、賢明な軍事指導者は**軽挙妄動しない**。このような指導者が存在すれば、国家は安泰であり、**最後の砦《とりで》である国軍の健全性**は保たれるであろう。

故《ゆえ》に明君は之《これ》を慎《つつし》み、良将は之を警《いまし》む。此《こ》れ、国を安んじ軍を全《まっと》うするの道なり。

---

「故明君慎之、良将警之。此安国全軍之道也」——

第十三章

# 用間篇

- 武力戦の弊害
  - (1)興師十万、出征千里
    - 百姓之費
    - 公家之奉
    - ―日費千金
  - (1)内外騒動、怠於道路、不得操事者、七十万家
  - (2)相守数年、争一日之勝
  - (2)愛爵禄百金、不知敵情
    - ―不仁之至也、非
      - 人
      - 主
      - 勝
    - ―之
      - 将
      - 佐
      - 主
    - ―也
- 情報の重要性
  - (3)明君賢将、動而勝人、成功出衆者、先知也
  - (4)先知者、不可
    - 取
    - 象
    - 験
    - ―於
      - 鬼神
      - 事
      - 度
    - ―必取於人、知敵之情者也
- (5)五間の種類
  - (7)因間―因其郷人而用之
  - (8)内間―因其官人而用之
  - (9)反間―因敵間而用之
  - (10)死間―為誑事於外、伝於敵
  - (11)生間―反報也
  - (6)五間倶起莫知其道―神紀、人君之宝也

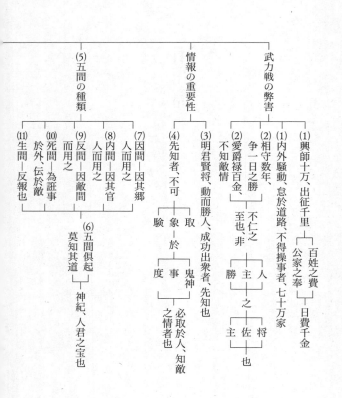

## 「第十三章　用間篇」の体系表

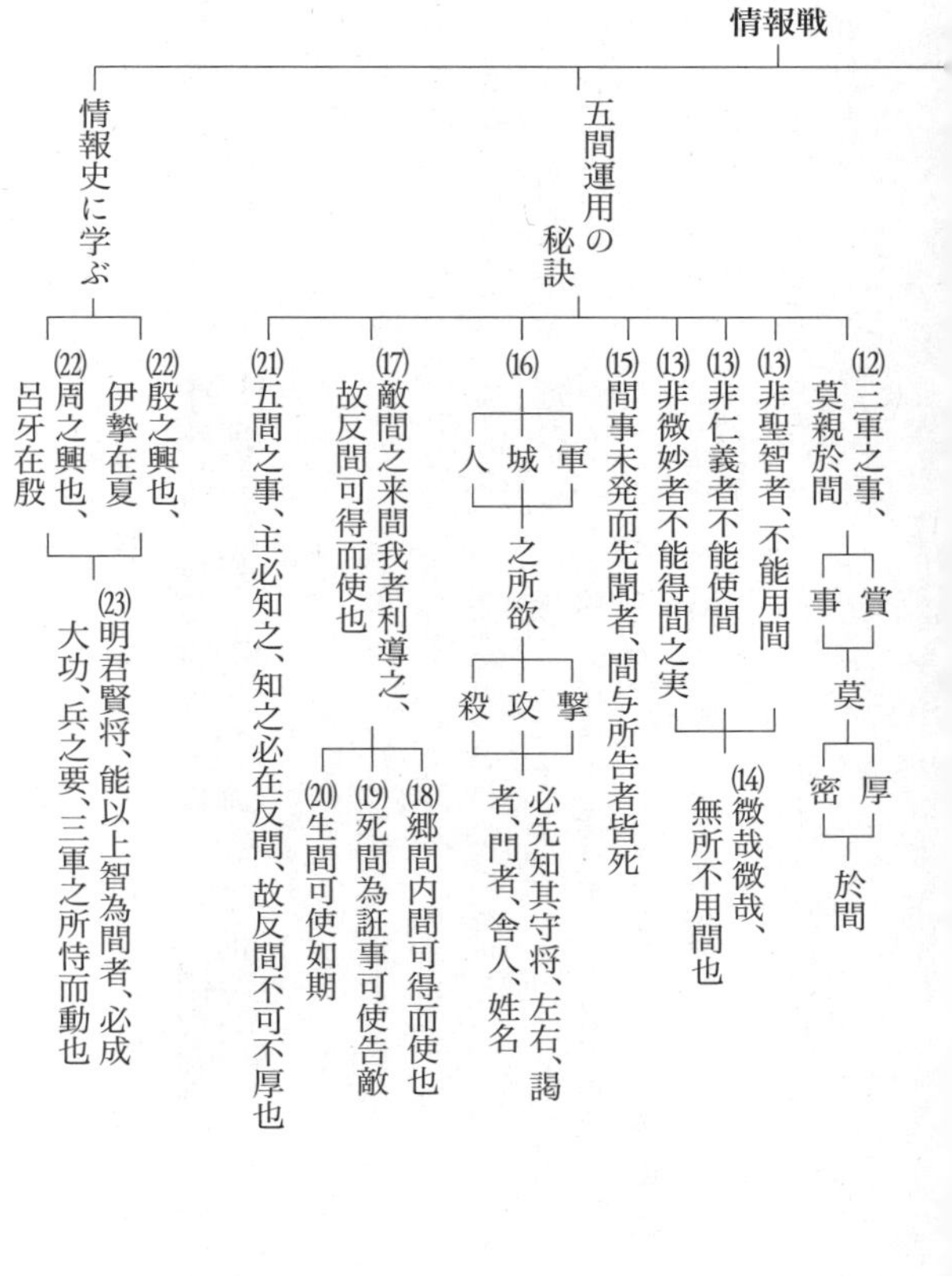

# 一　武力戦による経済的弊害の強調と情報軽視の不仁

(1)　そもそも十万の兵を徴募して、遠い戦場に送る時、国民が耐え忍ばねばならない**出費**と政府の**財政支出**は、一日あたり**千金**にものぼるであろう。そして、国の内外には絶えず不安と動揺が起こり、国民は後方兵站《へいたん》輸送と使役《しえき》に疲弊《ひへい》し、七十万戸もの家庭が、生活に支障をきたすこととなるであろう。

孫子曰《いわ》く、凡《およ》そ師《し》を興《おこ》すこと十万、出征《しゅっせい》すること千里ならば、百姓《ひゃくせい》の費《ついえ》、公家《こうか》の奉《まかない》、日に千金を費《つい》やす。内外騒動し、道路に怠《おこた》り、事を操《と》るを得ざる者は七十万家。

［孫子曰、凡興師十万、出征千里、百姓之費、公家之奉、日費千金。内外騒動、怠於道路、不得操事者七十万家］

---

▽作戦篇(1)～(5)項にみる戦争の様相。特に武力戦遂行に伴う国家経済の負担増について併せ読むこと。**師を興す**▼軍隊を動員する。**百姓の費**▼農民、転じて国民の出費。**公家の奉**▼政府の財政支出。**内外**▼国民と政府。**道路に怠り**▼出征軍に対する補給輸送業務に従事し疲労する。**事を操る**▼本業の農作業に従事する。**七十万家**▼古代中国の兵制では、井田《せいでん》法により八軒の家を一井《せい》（隣《りん》）とし、そのうちの一人が徴兵されると、他の七軒の家が出征兵士を出した家を援助することに

(2)　決戦の場において、勝利を獲得するために、長い年月にわたり敵と対峙するといったような浪費はするが、**敵情を解明するための情報活動に任ずる者たちに地位や名誉を与えることを惜しみ報償金を出し惜しむ最高軍事指導者**は、国家と人民に対する愛情に欠けた者であり、人間性のかけらもない者である。このような人物には、将軍としての資格も、また君主の補佐役としての資格もまったくない。まして、彼が戦いの主動権を握る最高軍事指導者となることなど、あり得ない。

相守ること数年、以《もっ》て一日の勝《かち》を争う。而《しか》るに爵禄《しゃくろく》百金を愛《おし》んで、敵の情《じょう》を知らざる者は不仁《ふじん》の至りなり。人の将に非《あら》ざるなり、主の佐《たすけ》には非ざるなり、勝の主には非ざるなり。

---

なっており、したがって十万人の兵士を徴兵すると、七十万軒の農家の農作業に負担が加わった。

▽先知、情報活動の重要性は強調されはするが、長期にわたる地道な陰の継続的な努力が必要であり、しかも平時にあっては、情報活動の効用は必ずしも明確に立証できるものではない。したがって強調される割には、万全なる情報活動が保障されているわけではない。**相守る**▼敵国の軍隊とにらみ合い対峙する。**爵禄**▼爵位・官位・役職・給料・報償金。**敵の**

［相守数年、以争一日之勝。而愛爵禄百金、不知敵之情者、不仁之至也。非人之将也、非主之佐也、非勝之主也］

(3)聡明な君主や明敏な将軍が、戦えば必ず敵を撃破し、また、その戦果が成功裡に結実するのは、**平素、継続的・先行的に敵情**を把握しているからである。

故《ゆえ》に、明君賢将の、動いて人に勝ち、成功衆《しゅう》に出づる所以《ゆえん》の者は、先知《せんち》なり。

［故明君賢将、所以動而勝人、成功出於衆者、先知也］

**情**▼敵国および敵軍の実態、特に政軍指導者の意図をも含む。「状」が外観的に解明が可能な敵の能力や可能行動を表すのに対し、「情」は外観的に解明することが難しい周辺諸国の政軍指導者の意思や心理をも含む。**不仁**▼国民に対する慈愛の念に欠けること。**主の佐**▼君主（政治指導者）の補佐役。**勝の主**▼戦いの主動権を掌握する者。

**成功衆に出づる**▼人並み以上に優越した成果を挙げること。
**先知**▼事前に敵情を解明する情報収集活動のこと。

(4)「情報」とは、霊や神からのお告げ、加持祈禱や占い、過去の成功事例などからの類推や、身勝手な願望によって得られるものではない。**敵情を現場・現物・現実に即して知る人物からのみ得られる**ものである。

先知《せんち》なる者は、鬼神《きしん》に取るべからず、事《こと》に象《かたど》るべからず、度《たく》に験《けん》すべからず。必ず人に取りて、敵情を知る者なり。

［先知者、不可取於鬼神、不可象於事、不可験於度。必取於人、知敵之情者也］

**鬼神**▼鬼籍に入った人、先祖の霊や神々のお告げなど。**事に象る**▼加持祈禱・占いで予測したり、過去の事例から類推すること。**度に験す**▼天体の位置や運行に照らし合わせて予測すること。**人に取る**▼人間が自ら実行して情報を収集すること。

## 二　五種類の情報収集員

(5)　情報収集員には、五種類ある。現地の人々からなる「**因間**《いんかん》」、対象国の官吏や軍人たちからなる「**内間**《ないかん》」、対象国の情報収集員を寝返らせ活用する二重スパイ「**反間**《はんかん》」、敵国に送り込まれる情報諜略工作員「死間《しかん》」、敵と身方の間を自由に往き来する「生間《せいかん》」である。

故《ゆえ》に、間《かん》を用うるに五あり。因間《いんかん》あり、内間《ないかん》あり、反間《はんかん》あり、死間《しかん》あり、生間《せいかん》あり。

「故用間有五。有因間、有内間、有反間、有死間、有生間」

(6) この五種類の工作者が一斉に情報任務活動に入ると、誰もその収集手段・要領を知ることはできない。人は、それを「神業・神技」と呼ぶ。彼らは君主の宝である。

五間倶《ごかんとも》に起こって、其《そ》の道を知る莫《な》し、是《これ》を神紀《しんき》と謂《い》う。人君の宝なり。

---

▽米国の中央情報局（CIA）のスパイの類別は、現在でもこの五間によっている。**因間**▼「因」は、元来の意味では、対象国に居住する現地の人をスパイに活用すること。「郷間」ともいう（native secret agent）。**内間**▼敵国の役人や軍人を情報収集に活用する（inside secret agent）。**反間**▼二重諜者（double secret agent）。**死間**▼消耗諜者。情報収集よりもむしろ情報操作による謀略活動を主とする（expendable secret agent）。**生間**▼機動諜者。帰国して情報収集の報告を行う（living secret agent）。

**倶に起こる**▼五種類の情報収集員に、同時かつ一斉に情報収集の任務を組織的・系統的に実施させる。**其の道知る莫し**▼

［五間倶起、莫知其道、是謂神紀。人君之宝也］

(7)「土着のスパイ（因間）」には、潜在的脅威対象国のみならず、中立国、友好国、同盟国などすべての**国々の人々**を使用する。

因間《いんかん》とは、其《そ》の郷人《きょうじん》に因《よ》って之《これ》を用う。

［因間者、因其郷人而用之］

---

情報収集の実施要領を承知している者は、君主と将軍の他には誰もいない。情報収集員自身も己《おのれ》に課せられた情報収集任務以外のことは、何も承知していない。**神紀**▼「紀」は、治《おさ》める、整理する、統制して筋道を立てる、の意。神のように人を操り運用する才のこと。

**郷人**▼現地の者。米軍では「因間《いんかん》（土着スパイ）」は、定着スパイとも呼ばれ、情報収集の目標となる相手国の国籍を持った市民であるのが通常である。内部スパイと土着スパイの違いは、主として国籍と出生地にある」としている。軍争篇(11)項を参照。

(8)「脅威対象国等の内通者（内間）」には、対象国の将校、官吏を利用する。

内間《ないかん》とは、其《そ》の官人《かんじん》に因《よ》って之を用う。

［内間者、因其官人而用之］

官人▼現代における内通の対象者は、単に脅威対象国等の官吏や将校にとどまることなく、与野党を問わず政治家、企業家、学者、教師、ジャーナリスト、労働組合幹部等々にまで及ぶ。およそ社会勢力の一分野を形成するあらゆる分子が、また、あらゆる所に点在する現状に対する不平不満分子が、その対象となり得る。なお、国籍が、その対象国と同じかどうかはまったく問うところではない。

(9)「二重スパイ（反間）」には、対象国等のスパイを逆用する。

反間《はんかん》とは、其《そ》の敵間《てきかん》に因《よ》って之《これ》を用う。

［反間者、因其敵間而用之］

敵間▼敵国の情報収集員、本篇⒄項にいう「敵人の間」。

(10)「後で消される死間《しかん》」は、身方の工作者の手先のことで、ある意図の下に敵に偽情報をつかませるなど、情報操作などによる謀略活動に任ずる。

死間《しかん》とは、誑事《きょうじ》を外に為《な》し、吾《わ》が間《かん》をして之《これ》を知らしめ、而《しこう》して敵に伝え得るの間なり。

「死間者、為誑事於外、令吾間知之、而伝於敵間也」

(11)「対象国等と身方の間を自由に往来するスパイ（生間）」とは、生きて情報を持ち帰る者のことである。

生間《せいかん》とは、反《かえ》りて報ずるなり。

「生間者、反報也」

**誑事**▼「誑」は偽り欺き、たぶらかして惑わせるという意味で、偽の情報を流布するなどの謀略活動。

**反りて報ずる**▼米軍では、「生間《せいかん》（浸透スパイ）とは、移動工作員のことで、敵国内に浸透して移動しながら情報を収集した後、帰国して情報収集の結果を報告する者である」としている。

## 三　間より親しきは莫く、賞は間より厚くは莫し

⑿　全軍の中で、情報工作員ほど君主や将軍の近くに位置する者はなく、**最高の報酬《ほうしゅう》**を受け取る。情報活動に関する問題以上に**機密**を要するものはない。

故《ゆえ》に、三軍の事は、間《かん》より親しきは莫《な》く、賞は間より厚きは莫く、事は間より密なるは莫し。

［故三軍之事、莫親於間、賞莫厚於間、事莫密於間］

---

**間より親しきは莫し**▼軍の中でも対象国および対象国軍の実相・実態について承知している者は、君主、将軍、そして情報収集に任ずる情報員だけであるという緊密なる関係であって、王晳は「腹心を以《もっ》て之《これ》と親結するなり」と註している。

▽このことは、政治に任ずる最高指導者が、軍事指導者との間に「親」を保つことが必要不可欠なことをも意味すると言わなければならない。最高指導者（君主）の情勢判断は、「先知《せんち》（事前に得た情報）」に基づき、九地篇㉔項にいう「九地《きゅうち》の変、屈伸《くっしん》の利、人情の理《ことわり》」を察して行わなければならない。こうして「変を知り、機を見る」ことができるのである。

⒀　**深い洞察力と慎重さ、思慮分別のない者、慈悲と正義を貫く心のない者は、情報工作員を用いることはできない。また、人心の機微を察する鋭敏で緻密な精神を持たない者は、「五間《ごかん》」の情報員たちから真実の情報を引き出すことはできない。**

聖智に非《あら》ざれば間《かん》を用うること能《あた》わず、仁義に非ざれば間を使うこと能わず、微妙に非ざれば間の実《じつ》を得ること能わず。

［非聖智不能用間、非仁義不能使間、非微妙不能得間之実］

---

**聖智**▼事物の本質を見破り把握することのできる深い洞察力と慎重にして思慮深い知恵のこと。情報工作は誰にでもできる仕事ではなく、その指揮・統轄・制御は、このような指導者の生来の資質に負うところが多い。また、情報活動は、それぞれの情報収集員の資質・能力に適合した任務の付与が重要となる。**仁義**▼慈悲・思いやりと正義を貫く心のこと。王晳は「仁なればその心を結び、義なればその節を激す。仁義にして人を使う、何の不可あらんや」と註している。**微妙**▼情報収集員が収集し報告してきた情報は、その収集の経緯からいっても決して万全無比なものはなく、真偽すなわちシグナルとノイズが混在したものであることが通例である。また、たとえ報告が真のシグナルを示唆するものであったとしても、これを的確に評価し、総合的な情報的価値を判定し、適時適切に意思決定の材料とするのは、最高意思決定者が、事態の

(14) 情報工作は、本当に捉えがたい問題である。実際、それはつかみどころのない問題なのである。しかし、情報工作の本質を会得すれば、情報工作の及び得ないような分野はない。

微《び》なるかな微なるかな、間《かん》を用いざる所は無《な》きなり。

［微哉微哉、無所不用間也］

(15) もしも、**情報活動に関する計画が事前に外部に洩れた場合**、その情報工作員と、その口から秘密を聞いた者は、すべて処刑されねばならない。

---

本質を的確に見破る明哲微妙の精神と才能の持ち主でなければ、至難のことである。

---

**微なるかな**▼物事の機微を理解・認識することができない者には、困難な立場にある彼ら情報収集員の忠誠心を得るのは難しいものである。**間を用いざる所は無きなり**▼敵のみならず、中立国、友好国、同盟国などすべての第三国は、身方と同様に、このような情報活動を実行するものであることを、決して忘れてはならない。

間《かん》の事未《いま》だ発せず、而《しこう》して先ず聞く者は、間と告ぐる所の者と、皆、死す。

［間事未発、而先聞者、間与所告者、皆死］

**間の事**▼敵に企図や行動を秘匿して行う情報活動の計画。そもそも、用間すなわち情報活動と、防諜すなわち機密の保全は、表裏一体の関係にあり、機密の保持なくして情報活動はあり得ないものである。つまり、telligence と counter intelligence は機能的に不即不離の一体的関係にあるものである。**皆、死す**▼機密漏洩に対しては、死刑という厳罰をもって臨むという厳然たる基本方針を明示。

## 四　対象国の人事情報の収集

⒃　攻撃したい敵や攻略したい城塞都市、殺害したい人物がある場合には、まず、その陣営の司令官・参謀将校・司令部要員・守衛、そして護衛兵の名前を知らなければならない。したがって、工作員に命じて、この件に関する詳細な情報を得なければならない。

凡《およ》そ、軍の撃《う》たんと欲《ほっ》する所、城の攻めんと欲する所、人の殺さんと欲する所は、必ず先《ま》ず、其の守将《しゅしょう》・左右《さゆう》・謁者《えっしゃ》・門者《もんじゃ》・舎人《しゃじん》の姓名を知る。吾《わ》が間《かん》をして必ず索《もと》めて之《これ》を知らしむ。

［凡軍之所欲撃、城之所欲攻、人之所欲殺、必先知其守将・左右・謁者・門者・舎人之姓名。令吾間必索知之］

**守将**▼対象国の城塞等の警備担当司令官。**左右**▼側近の者、参謀等。**謁者**▼取り次ぎ役の者。**門者**▼守衛。**舎人**▼護衛兵。

## 五　二重スパイの活用と謀略破壊活動

⒄　我が軍に対する情報活動を指導するためにやって来た**対象国等の工作者**を、マークして買収し、我が軍のために働くように仕向けることは、極めて重要なことである。彼らを**優遇**して**指示**を与えよ。二重スパイは、このように獲得し、利用するものである。

必ず敵人の間《かん》の来りて我れ《わ》を間《かん》する者を索《もと》め、因《よ》って之《これ》を利し、導いて之を舎《とど》む（舎せしむ）。故《ゆえ》に、反間《はんかん》は得て用うべきなり。

［必索敵人之間来間我者、因而利之、導而舎之。故反間可得而用也］

(18)　この**二重スパイの仲介**があるからこそ、我々は「土着の者」や「対象国等の内通者」を獲得して、利用することができる。

是《これ》に因《よ》って之《これ》を知る。故《ゆえ》に、郷間《きょうかん》・内間《ないかん》、得て使うべきなり。

［因是而知之。故郷間内間可得而使也］

**敵人の間**▼本篇(9)項にいう「反間《はんかん》」、二重スパイ。**因って之を利し**▼取り込んで買収する。**導いて之を舎む**▼我が陣営に投じるように仕向ける。

**是に因り**▼「是」が何を指すかについては諸説があるが、前(17)項の「反間《はんかん》」とするのが妥当である。**之を知る**▼「之」は、次に続く「郷間《きょうかん》」「内間《ないかん》」を指す。

⒆　また、このようにして「後で消されることとなる者」（死間《しかん》）を敵中に送り込んで、偽の情報を流すこともできる。

是《これ》に因《よ》って之《これ》を知る。故《ゆえ》に、死間《しかん》、誑事《きょうじ》を為《な》して、敵に告げしむべし。

［因是而知之。故死間為誑事、可使告敵］

**是に因り**▼「是」は、本篇⒅項と同じく、⒄項の「反間《はんかん》」を指す。**誑事**▼偽情報。

⒇　また同様にして、「対象国等と身方の間を往き来する者」（生間《せいかん》）を、ここぞという時（最高政治指導者の意思決定の時機的な期限まで）に活用することができる。

是《これ》に因《よ》って之《これ》を知る。故《ゆえ》に、生間《せいかん》、期するが如《ごと》くならしむべし。

［因是而知之。故生間可使如期］

**是に因って**▼「是」は、本篇⒄項の「反間」を指す。**期するが如く**▼予定の時期までに。

(21) 君主は、この五種類の工作員（情報収集員）の**活動の実態について、完全に知って**いなければならない。この情報工作によって得られる知識は、**二重スパイを基点**とすることによって生じてくるものである。したがって**二重スパイ（反間《はんかん》）を最大の報償**で待遇することは、必要にして不可欠のことである。

五間《ごかん》の事は、主は必ず之《これ》を知る。之を知るは必ず反間《はんかん》に在り。故《ゆえ》に、反間は厚くせざるべからざるなり。

［五間之事、主必知之。知之必在於反間。故反間不可不厚也］

**五間の事**▼五種類の情報収集員の情報活動の実態。**主**▼将軍ではなく、君主を指す。**必ず反間に在り**▼情報活動は、当然ながら「反間」を基点・基盤に展開実施される。

## 六　上智を以て間を為す者のみ、必ず大功を成す

(22) 昔、殷《いん》王朝が勃興したのは、かつて夏《か》に仕えていた伊摯《いし》のおかげであったし、周が権力

の座に着けたのは、かつて殷の重臣であった呂牙《ろが》のおかげであった。

昔、殷《いん》の興《おこ》るや、伊摯《いし》は夏《か》に在り。周の興るや、呂牙《ろが》は殷に在り。

［昔殷之興也、伊摯在夏。周之興也、呂牙在殷］

(23)　このように、情報工作員として**最高の知性**を**有する優れた人物**を使いこなすことのできる**聡明な君主**や**有能な将軍**だけが、戦争特に武力戦という大事業を確実に遂行することができる。情報活動は、戦争特に武力戦の要をなすものである。軍は、これによって、一つひとつの行動（作戦・用兵）を効果的に進めることができる。

故《ゆえ》に、惟《ただ》明君賢将の、能《よ》く上智を以《もっ》て間《かん》と為《な》す者のみ、必ず大功を成す。此《こ》れ、兵の要にして、三軍の恃《たの》みて動く所なり。

**伊摯**▼殷の湯王を補佐して、夏の桀王を討ち、殷の天下を創始した名臣「伊尹《いいん》」のこと。**呂牙**▼周の文王・武王を補佐して、尹の紂王を討ち、周の天下を創建した「太公望呂尚」のこと。

▽本項は、用間《ようかん》篇の結語であるに止まらず、『孫子』十三篇全体の情報的な結語でもある。**上智**▼卓越した最高の知性を持った優れた人物のこと。**兵の要**▼戦争・武力戦・作戦・用兵にとって必要不可欠な根本要素（本質）のこと。これは、

［故惟明君賢将、能以上智為間者、必成大功。此兵之要、三軍之所恃而動也］

「兵は詭道にして、敵に因って勝を制するものなり」とする孫武の根本思想に基づく文言である。用兵の根本は、千変万化する戦況の把握・順応・活用にあるのであって、各種特殊の戦況の適時的確な判断こそ、指導者の基本的な責務である。**三軍の恃みて動く所**▼孫武の根本的な考え方は、戦争においで勝利を確実に保障してくれる普遍の原理、絶対的な法則などはなく、確実に存在するのは対応しなければならない情況だけである、とするものである。したがって適時的確な情報の収集・処理・活用こそ、軍の（ひいては国家の）適正な対応を創造する鍵となるものである。

## 【解説】『孫子』の体系的な思考構造

『孫子』の各篇を読み解いたところで、『孫子』の体系的な思考構造について俯瞰したい。孫子の体系的な思考構造について、初めて真正面から言及したのは、管見によれば江戸時代の儒学者で山鹿流兵学の祖であった山鹿素行（元和八年：一六二二年、会津若松生まれで、貞享二年：一六八五年逝去、享年六三才）であった。

素行によれば、『孫子』十三篇は「常山の蛇」（九地篇）のように、首・胴体・尾が一体的に体系化された有機的な生命体であるという。首が「始計篇第一」、尾が「用間篇第十三」で、第二から第十二までの各篇（作戦・謀攻・軍形・勢・虚実・軍争・九変・行軍・地形・九地・火攻）が胴体であるとしている。蛇の首にあたる「始計篇第一」は、『孫子』全篇の序論であるとともに、全篇の要約でもあり、「始計篇」における「五事・七計・詭道《きどう》」の三大綱領によって『孫子』の基本構造は構成されているという。

素行によれば、『孫子』十三篇の全体を通じて、経権・常変・正奇《せいき》それぞれの二元要素が、一つに融合されているという。素行がいう「経権並行」「常変相通」「正奇相序」を、最も明瞭に展開しているのは「始計篇第一」であり、ここには「五事」「七計」「詭道」の三大綱領が有機的に統合されているという。

『孫子』の原著者・孫武は、『孫子』巻頭の「始計篇第一」の書き出しにおいて、まず「兵（戦争特に武力戦）は国の大事なり」と喝破し、「五事：道・天・地・将・法＝経・常・正」「七計：七つの比較要素＝経・常・正」「詭道：十四個の詭計要素＝権・変・奇」を、戦争・武力戦など国家的危機事態への対応の三大策としている。

次いで「百戦百勝は善の善なる者に非《あら》ざるなり。戦わずして人の兵を屈するは、善の善なる者なり」（謀攻篇(3)）と、明確に一点の疑義もなく言い切っている。この文言は、『管子』の「至善は戦わず」と相通ずるものを感じさせる。『孫子』においては、「戦争特に武力戦は本質的に変法」であり、『老子』の「正を以て国を治め、奇を以て兵を用う」の思想と共通するものである。

この素行の『孫子』体系論を継承するかのように井門満明は、著書『「孫子」入門』（原書房、昭和五九年）において、『孫子』の体系的な思考構造」を次頁に掲載する付図のように円環状で表現し、以下のように解説している。

孔子の編述といわれる史書『春秋』の「国の大事は祀《シ》と戎《ジュウ》とにあり」について、「祀」は国家活動における内的表現であり、「戎」は外向を主とする国家安全保障を担保するものという。そして「祀」と「戎」が、あたかも楕円の二つの中心を占め、その円周の上に政治、外交、経済、文教、法制、軍事などがそれぞれ位置を占めて、相互に密接に協力しながら二つの中心を志向するとしている。

『孫子』は、十三篇の冒頭において「兵は国の大事なり。死生の地、存亡の道、察せざるべからざるなり」と喝破している。つまり、戦争特に武力戦とは、国家にとって回避することのできない喫緊の課題である。戦争特に武力戦は国民にとっては生死が決せられるところであり、国家にとっては存続するか滅亡するかの岐《わか》れ道である。我々は、戦争特に武力戦を徹底的に研究しなければならない、という。

　この文言は孫武が『孫子』において、明らかに「戎」を主体に説かんと欲していること

「孫子」の思考の構造

奇正相生如循環之無端（勢篇）

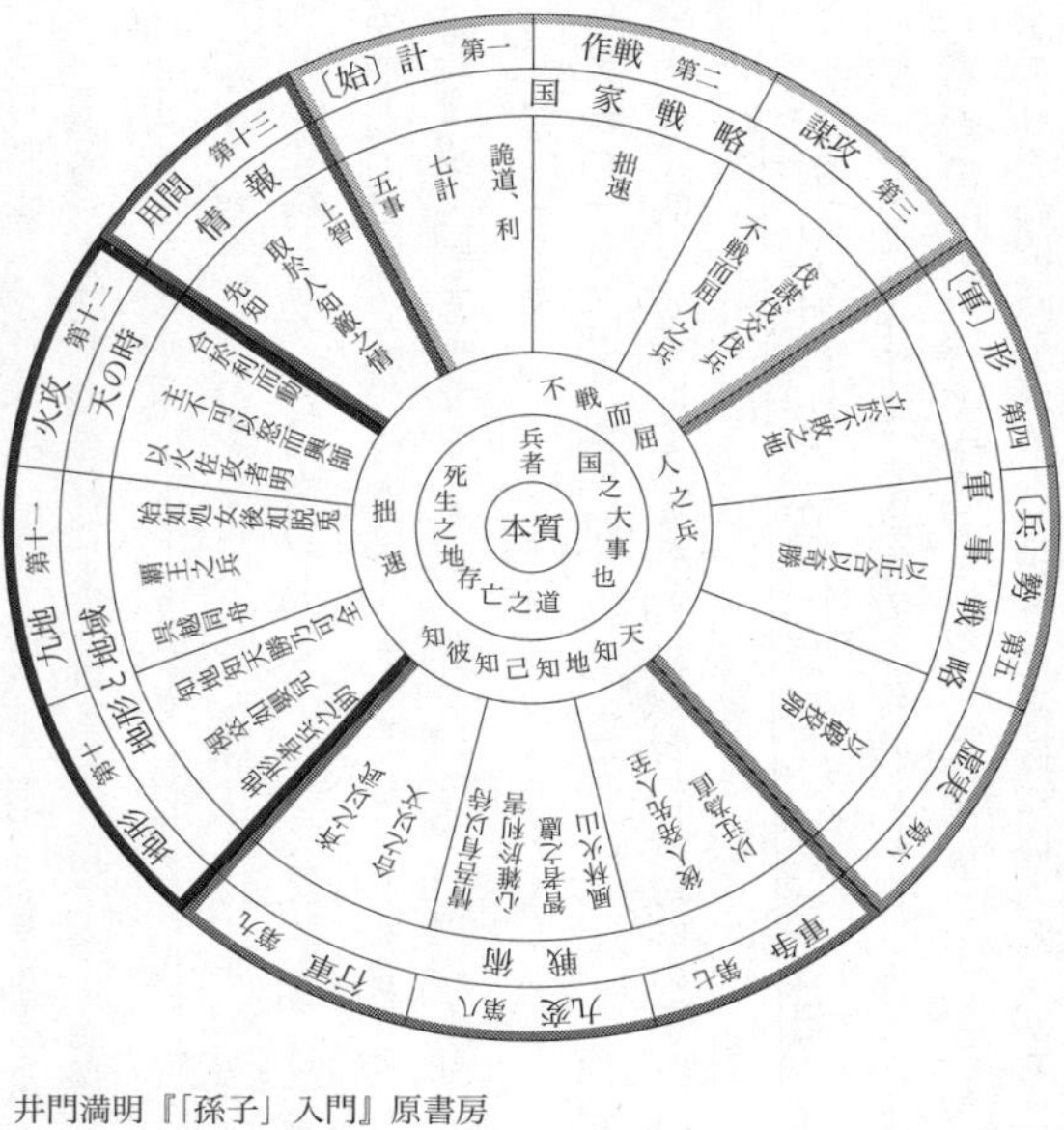


撃其首則尾至
撃其尾則首至
撃其中則首尾倶至（九地篇）

出所）井門満明『「孫子」入門』原書房

とを象徴しているが、その暗黙裡の前提として、孫武は孔子が説く「祀」を潜在させていると考えなければならない。この「祀」は、後述する「五事」における「道」と密接不離の関係がある。

井門満明は、孔子がいう「祀」と「戎」を有機的体系的に一体とする孫武の思考構造を、「社会現象は現実の中で有機的な連関を保って公転し、かつ、それぞれの固有法則によって自転する」と述べた上で、『孫子』十三篇を「有機的連関の態様は、全体としては円を為す鎖の連環に見立てることができる」としている。

そこで私は、素行や井門満明の「『孫子』の思考構造」を継承しつつ、微修正を加え井門が提示した「循環する円環」概念図を、次のように大きく八つに区分してみた。素行の

『孫子』十三篇の基本構造

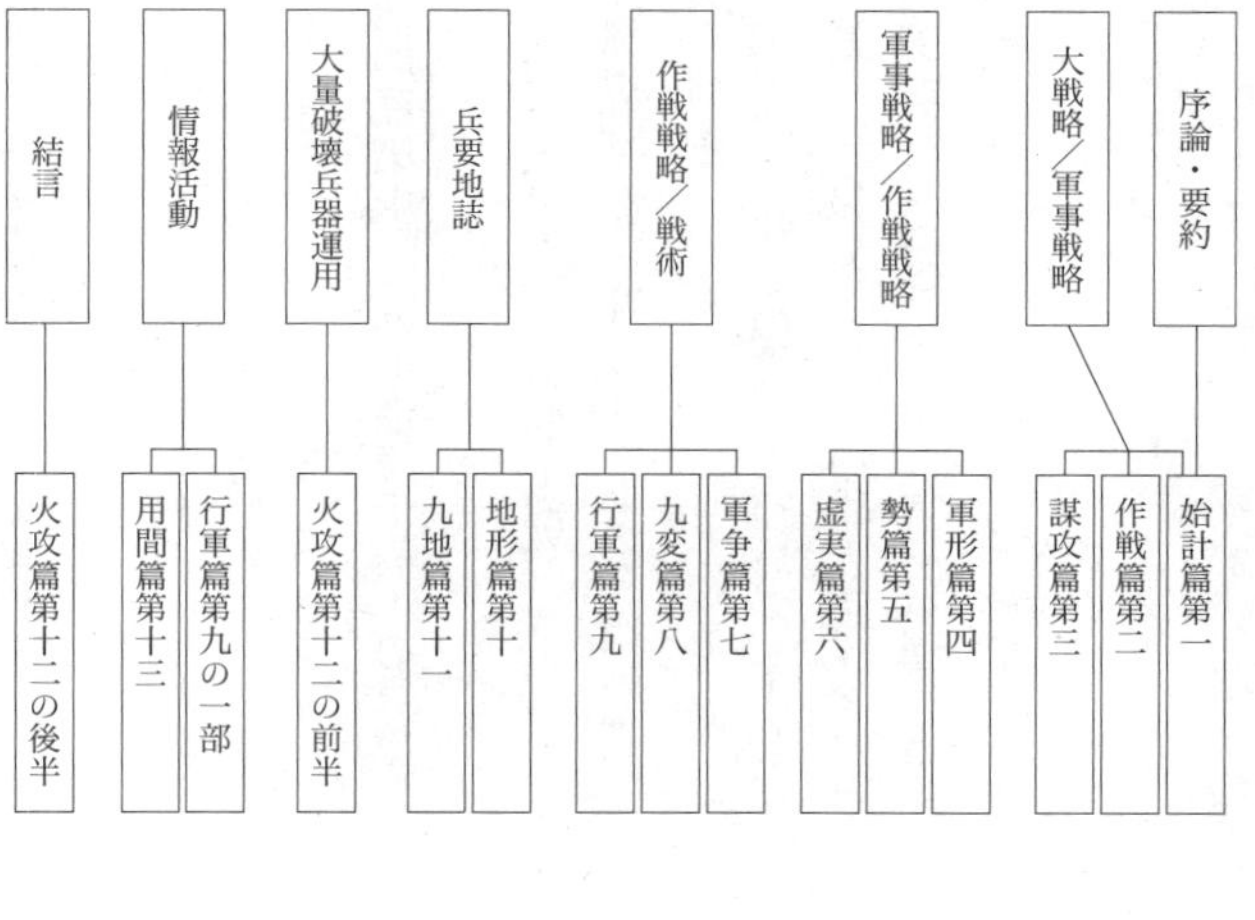

体系論との差異は、「常山の蛇」の「尾」を「用間篇第十三」ではなく、「火攻篇第十二」後半部分としたところにある。

(1)「大戦略」/「国家戦略」の分野:「始計篇第一」「作戦篇第二」「謀攻篇第三」の三篇
(2)「軍事戦略」/「作戦戦略」の分野:「軍形篇第四」「勢篇第五」「虚実篇第六」の三篇
(3)「作戦戦略」/「戦術」の分野:「軍争篇第七」「九変篇第八」「行軍篇第九」の三篇
(4)「兵要地誌」/「戦場の軍事的特性」の分野:「地形篇第十」「九地篇第十一」の二篇の大部分
(5)「大量破壊兵器運用における考慮要件」の分野:「火攻篇第十二」の前半部分
(6)「情報・対情報」の分野:「用間篇第十三」「行軍篇第九」の一部、その他の各篇の一部
(7)『孫子』十三篇の総括結言:「火攻篇第十二」の後半部分

ところで一般読者には聞きなれない「大戦略」「作戦戦略」などの文言について、少しばかり補足説明しておきたい。「戦略・戦術」という文言は、古代ギリシャの軍人哲学者クセノフォン(紀元前四二七?~前三五五?)が唱えた「STRATEGOS」(司令官、軍団を指揮する将軍、将軍の仕事)や、「TAKUTITOS」(部隊を配置すること、指揮する)が語源とされ、これらが後世のstrategy(戦略)、tactics(戦術)に発展したとされている。『孫子』には、「戦略・戦術」という文言は、全く見ることはできないが、行間を読めば「戦略・戦術」に相応する意味内容を読み取ることができる。

次頁に掲載した「戦争（平和）の基本構造と戦略・戦術との相関概念図」は、戦間期（第一次世界大戦と第二次世界大戦との間）に主要国の軍事界で定着した「大戦略・軍事戦略・作戦戦略・戦術」の概念を模式化したもので、防衛大学校教授桑田悦が学生に配布した学習資料から引用し若干修正したものである。これを防衛研究所の『用語集』から摘出した「戦略・戦術とは何か」を参照しながら、簡単に説明しておこう。

巷間、「戦術の失敗を戦略で補うことはできるが、戦略の失敗は戦術で補うことはできない」といわれるが、この短い文章は両者の違いをよく表している。このような戦略・戦術の体系は、戦争・平和の基本構造をどう観るかという、戦争観・平和観と密接不離の関係にある。

左側の立方体の全体が、社会現象としての戦争あるいは平和の状態を概念図化したものである。立方体の上面は、平時（武力戦が行われていない状態）において、平和を維持している種々の機能要素を、軍事的機能と非軍事的機能とに区分して表現している。平時における一国の安全保障機能は、軍事的機能だけではなく、国内政治、外交、貿易、思想、心理、宗教など種々の非軍事的機能要素から成り立っている。波線は、軍事的機能と非軍事的機能との境界が、必ずしも明確に識別できるものではないことを示している。

右側面は、いったん武力戦が発動された以降の、いわゆる戦時の状態を示している。戦時には狭義の戦争すなわち武力戦のほかに、平時から行われている外交戦、経済戦、思想戦、

戦争（平和）の基本構造と戦略・戦術との相関概念図

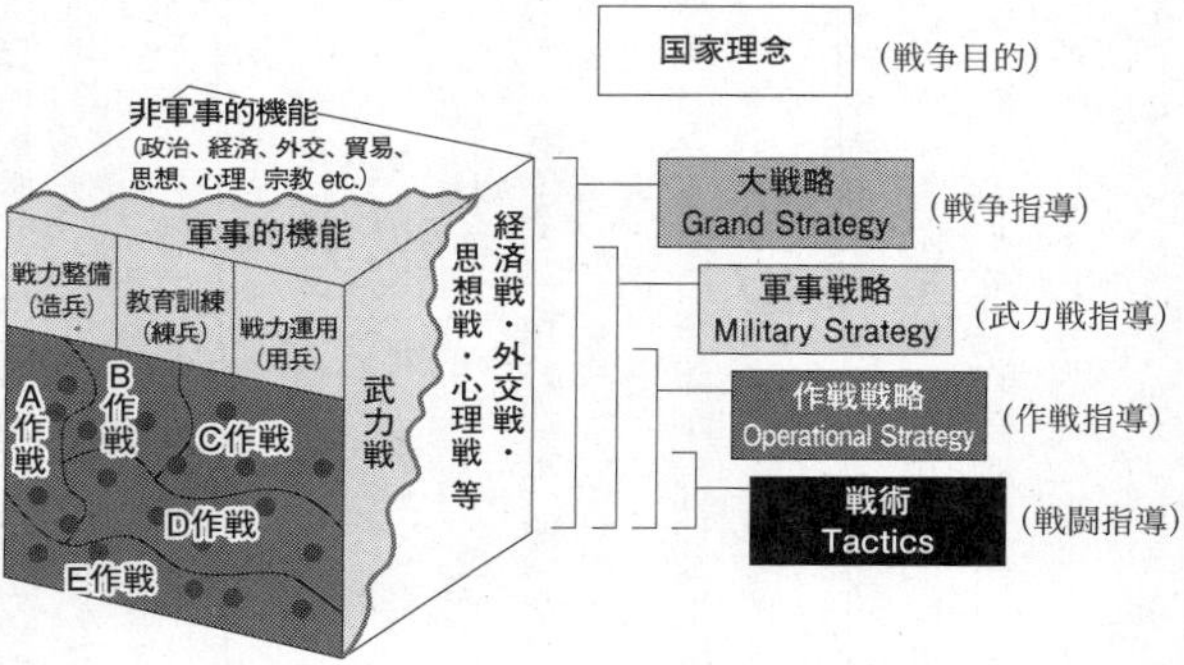


「戦略とは、特定目的（目標）を達成するための、
手段と方法に関する（理論と）特殊個別的な術（art）である」

「戦略・戦術」とは何か？

| | |
|---|---|
| 大戦略 | 国家目標達成、特に国家の安全を保障するため、平戦両時を通じて、国家の政治的、軍事的、経済的、心理的などの諸力を総合的に発展させ、かつこれらを効果的に運用する方策 |
| 軍事戦略 | 一般に戦争の発生を抑制阻止するため、及びいったん戦争が開始された場合は、その戦争目的を達成するため、国の軍事力その他の諸力を準備し、計画、運用する方策 |
| 作戦戦略 | 作戦目的を達成するため、高次の観点から大規模に作戦部隊を運用する方策 |
| 戦術 | （任務を達成するため）個々の戦闘における我が部隊の運用法であって、戦闘前、戦闘間を通ずる部隊の配置、機動などを計画し、遂行する術 |

出所）防衛研究所『用語集』

「戦略・戦術とは、特定目的（目標）を達成するための、手段と方法に関する（理論と）特殊個別的な術（art）である」（私的仮説）

心理戦などが同時並行的に継続進行している。これらを総合的に制御運営するのが、トップたる文民政治家の責任である。

クラウゼヴィッツの『戦争論』にある「戦争とは、他の異なれる手段をも交えて行われる政治の継続である」でいう「戦争」とは、「広義の戦争」と読むべきである。引き続く「手段たる戦争は、目的たる政治的意図を離れては考えることはできない」という「戦争」は、「狭義の戦争」すなわち「武力戦」と読むべきである。

このように「広義の戦争」に対応する主体は、平時にあっては政府であり、戦時にあっては最高戦争指導機構であり、その対応行動を「戦争指導」と呼び、そのソフトウエアが「大戦略」となる。いずれの場合においても最高の責任者は、トップたる文民政治家であることは論を待たない。

なお「戦争・平和」をより厳密に説明すれば、「平和とは、武力戦が行われていない状態であり、「武力戦以外の政治戦、外交戦、経済戦、思想戦、心理戦などが行われている状態」であり、両者を截然《せつぜん》と峻別することは極めて困難である。つまり両者を、二項対立的に捉えるのではなく、表裏一体の現象と見做すのが、実態認識を誤らない鍵である。

平戦両時を通ずる国家の軍事機能と武力戦全体を制御運用するのは、最高軍事機構（最高統帥部）の責任である。一旦武力戦が発動された場合の対応行動を「武力戦指導」と呼び、そのソフトウエアが「軍事戦略」となる。

立方体の前面上方にある「戦力整備（造兵）・教育訓練（練兵）・戦力運用（用兵）」は、平戦両時を問うことなき軍事の基本的な三大機能要素であり、軍事戦略・作戦戦略・戦術の各レベルにも必須不可欠の基本機能要素である。

これらの中・下部に展開しているA・B・C……は、時期的・地域的に区分される「各作戦」を表しており、これら制御運用する行為を「作戦指導」といい、これのソフトウエアが「作戦戦略」である。これらの内部に点在してある「点」が、敵と直接対峙して戦闘する第一線部隊の「戦闘」であり、これを制御運用する行為を「戦闘指導」といい、これのソフトウエアが「戦術」である。これらの「作戦・戦闘」を全体的に統轄する行為が、「武力戦指導」であり、そのソフトウエアが「軍事戦略」である。

これら四段階の「戦略・戦術」を総括要約すれば、「戦略・戦術とは、特定目的（目標）を達成するための、手段と方法に関する（理論と）特殊個別的な術（art）である」といえる。

杉之尾宜生

# 参考文献

『孫子』については、金谷治訳注『新訂 孫子』（岩波文庫、二〇〇〇年）、町田三郎訳注『孫子』（中公文庫、一九七四年）、浅野裕一『孫子を読む』（講談社現代新書、一九九三年）、『孫子』（講談社学術文庫、一九九七年）をはじめ、中国文学者や東洋思想研究者による解説書、研究書が多数公刊されている。本書では軍事的視点に主眼を置いて記述したため、軍人・自衛官研究者の著作を中心に以下の各書を参考にさせていただいた。


井門満明『「孫子」入門』（原書房、一九八四年）
岡村誠之『現代に生きる孫子の兵法』（産業図書、一九六二年）
『ポケット孫子』（東洋政治経済研究所、一九六八年）
『孫子』（私家版、一九八四年）
小野繁訳、重松正彦註記『フランシス・ワン仏訳「孫子」』（葦書房、一九九一年）
河野　収『竹簡孫子入門』（大学教育社、一九八二年）
佐藤堅司『孫子の思想的研究』（風間書房、一九六二年）
『孫子の体系的研究』（風間書房、一九六三年）
武岡淳彦『新釈 孫子』（ＰＨＰ研究所、二〇〇〇年）
山本七平『「孫子」の読み方』（日経ビジネス人文庫、二〇〇五年）

本書は、２０１４年４月に日本経済新聞出版社から発行した
『〔現代語訳〕孫子』を文庫化にあたって再編集したものです。

日経ビジネス人文庫

[現代《げんだい》語訳《ごやく》]孫子《そんし》

2019年1月7日 第1刷発行

編著者
杉之尾宜生
すぎのお・よしお

発行者
金子 豊

発行所
日本経済新聞出版社
東京都千代田区大手町1-3-7 〒100-8066
電話(03)3270-0251(代) https://www.nikkeibook.com/

ブックデザイン
新井大輔

本文DTP
マーリンクレイン

印刷・製本
中央精版印刷


Printed in Japan ISBN978-4-532-19883-1

nbb 好評既刊

## 撤退の本質

森田松太郎
杉之尾宜生

撤退は、どんな状況で決断されるのか。実例におけるリーダーの判断力や実行力の違いをあげながら、戦略的な決断とは何かを説く。

## 戦略の本質

野中郁次郎・戸部良一
鎌田伸一・寺本義也
杉之尾宜生・村井友秀

戦局を逆転させるリーダーシップとは？　世界史を変えた戦争を事例に、戦略の本質を戦略論、組織論のアプローチで解き明かす意欲作。

## 名著で学ぶ戦争論

石津朋之＝編著

古今東西の軍事戦略・国家戦略に関する名著50点を精選し、そのエッセンスをわかりやすく解説する、待望の軍事戦略ガイド完成！

## 米陸軍戦略大学校テキスト
## 孫子とクラウゼヴィッツ

マイケル・I・ハンデル
杉之尾宜生・西田陽一＝訳

軍事戦略の不朽の名著『孫子』と『戦争論』を大胆に比較！　矛盾点、類似点、補完関係を明らかにし、学ぶべき戦略の本質に迫る。

## 60分で名著快読
## クラウゼヴィッツ『戦争論』

川村康之

戦略論の古典として『孫子』と並ぶ『戦争論』。難解なこの原典が驚くほど理解できる！　読んで挫折した人、これから読む人必携の解説書。